“1+X”证书制度电子装联职业技能系列丛书

电子装联职业技能等级证书
考核题库（高级）

戚国强　邱华盛　朱桂兵◎主　编
刘志宏　魏子陵　统雷雷　李　东　刘　奇◎副主编
刘春光◎主　审

中国铁道出版社有限公司
CHINA RAILWAY PUBLISHING HOUSE CO., LTD.

内容简介

本书为《电子装联职业技能等级证书教程》（高级）配套教材，以职业技能等级标准和电子装联工艺、品质管控、设备操作等岗位能力要求为依据进行编写。

本书重点围绕装联准备、基板贴装、基板焊接、基板检修、基板装联五大工作领域15个典型工作任务展开。全书分为理论知识考核试题和操作技能考核试题两部分，并附有理论知识考核试题答案和理论知识考核试卷样例及其答案。理论知识考核试题题型有判断题、单项选择题、多项选择题、简述题四种，题量大、覆盖面广，涵盖了电子装联职业技能培训教材的内容，与相应章节内容顺序呼应。本题库包含判断题253道、单项选择题250道、多项选择题250道、简述题与分析题80道、理论知识考核试卷样例两套、操作技能考核试卷样例一套。

本书可供申请“1+X”电子装联职业技能等级证书（高级）的人员使用，也可作为电子装联职业技能等级证书（高级）的补充题库，还可供开设电子信息类专业职业院校的师生参考。

图书在版编目（CIP）数据

电子装联职业技能等级证书考核题库：高级／戚国强，邱华盛，朱桂兵主编. — 北京：中国铁道出版社有限公司，2024. 1

（“1+X”证书制度电子装联职业技能系列丛书）

ISBN 978-7-113-26990-6

Ⅰ. ①电…　Ⅱ. ①戚…　②邱…　③朱…　Ⅲ. ①电子装联-生产工艺-职业技能-鉴定-习题集　Ⅳ. ①TN305.93-44

中国版本图书馆CIP数据核字（2020）第104469号

书　　名：电子装联职业技能等级证书考核题库（高级）
作　　者：戚国强　邱华盛　朱桂兵

策　　划：祁　云　　　　　　**编辑部电话：**（010）63549458
责任编辑：祁　云　王占清
封面设计：尚明龙
责任校对：苗　丹
责任印制：樊启鹏

出版发行：中国铁道出版社有限公司（100054，北京市西城区右安门西街8号）
网　　址：http://www.tdpress.com/51eds/
印　　刷：北京联兴盛业印刷股份有限公司
版　　次：2024年1月第1版　2024年1月第1次印刷
开　　本：787 mm×1 092 mm　1/16　**印张：**9.75　**字数：**235千
书　　号：ISBN 978-7-113-26990-6
定　　价：29.80元

“1+X”证书制度电子装联职业技能系列丛书

序

电子信息制造业是中国制造业的重要组成部分，具有战略性、基础性和先导性等特点。据《中国电子信息制造业综合发展指数报告》数据显示，中国电子信息制造业稳步增长，创新性强。新一代信息技术、工业互联网和人工智能等新技术的应用，促使电子信息制造业创新发展，并在生产过程中使用更多新技术、新工艺、新材料和新设备。“制造业的生命在于质量，提高产品和服务质量是制造业转型升级的重点任务之一，质量基于生产，生产成于技艺”，无论是优化生产制造流程还是把控生产工艺质量，都需要高素质技术技能人才。

职业院校是培养高质量制造业技术技能人才的摇篮。国家职业教育改革方案的贯彻实施，“1+X”证书制度的落地，有力地吸引和推动了一大批有社会责任感的行业龙头企业和领军企业积极投入职业教育，有力地促进了产教融合，有利于产业链和教育链的对接，有利于产业发展，更有利于职业院校毕业生就业和个人发展。

电子装联是电子信息制造业的关键生产工艺，其水平直接影响到产品的功能和可靠性，决定着产品的质量。提高电子装联工作者整体工艺技术水平，是提高我国电子信息产品竞争力的关键因素之一。快克智能装备股份有限公司（以下简称“快克公司”）作为中国智能制造百强上市企业，耕耘电子装联近 30 年，目前已成为技术领先的高可靠精密焊接、3D 机器视觉、AI 深度学习、高速点胶、高精贴合、半导体封装检测制造和服务供应商。这是中国电子信息制造业高速发展的缩影。快克公司在不断夯实自身电子智造雄厚的技术优势和特长的前提下，为更好推动和支撑电子装联产品创新和技术创新，引领电子信息制造业向前发展，贯彻“职教二十条”，推动“1+X”证书制度落地，特申请“1+X”证书职业技能等级评价组织，开发一套精准对接电子信息制造业需求的“电子装联”职业技能等级证书标准，以更好服务电子装联领域专业学生学习新知识和新技术，为产业培养源源不断的技术新人。为提高培训学习效果，快克公司在江苏电子信息职业学院、中兴通讯职业技术学院等众多大专院校和行业骨干企业的支持下，精心编写了供电子装联职业技能等级标准“1+X”证书培训的系列丛书。丛书编写汇集了电子装联领域企业、大中专院校既有丰富理论又有实践经验的资深专家队伍，这批专家可以说是业界的翘楚，这无疑保证了这套教材的水准。

丛书含培训教材（初、中、高）和配套题库，共 6 册，适用于“1+X”三个层级职业技能等级证书培训。丛书基本覆盖了现代电子装联的新知识和新技术，体现了教材的系统性、实用性和创新性，不仅在理论技术上有一定的深度，更在新技术、新应用和新趋势方面有许多突破。丛书的内容可以说是集行业企业的核心技术之大成，现在与中国铁道出版社有限公司联合将此丛书公开出版发行。

快克公司响应国家号召，践行企业“同心同行共成长、创新责任守正直”的愿景和社会责任，致力于把电子装联新工艺技术推广至行业、融入相关职业教育的课堂和实训，使职业教育和学生及在岗的技术技能人才受益。这不仅顺应产业发展需要和职业教育需要，也将有利于中国电子信息制造行业的发展，对助力“中国智造”和“中国创造”能力提升具有深远的影响。

工业和信息化部教育与考试中心　马蔷

2022 年 8 月

前　言

为贯彻落实《国家职业教育改革实施方案》，积极推动“1+X”证书制度的实施，在全国电子焊接技术智能化发展引领者——快克智能装备股份有限公司主导下，联合江苏电子信息职业学院、中兴通讯职业技术学院、南京中电熊猫信息产业集团有限公司、立讯精密工业股份有限公司等专业院校和行业领域龙头企业，共同开发了电子装联职业技能等级证书。为配合电子装联职业技能等级证书的考核，编者编写了电子装联职业技能等级证书系列培训题库。题库分初级、中级、高级，共三册。

本书为系列培训题库的高级部分，对标电子装联职业技能标准考核方案，在环境稽核、静电防护、物料标码、基板打码、印刷涂敷、印刷检查、元器件贴装、再流焊接、选择性波峰焊接、热压焊接、机器人焊接、基板检测、基板返修、基板点胶、基板锁付 15 项典型工作任务范围进行考核。本题库分为理论知识考核试题和操作技能考核试题两部分。理论知识考核试题按照工作任务进行划分，每个任务下有判断题、单项选择题、多项选择题、简述题四种题型。为方便培训人员自我学习、自我检查，该题库还提供了部分习题的参考答案，利于学习效果的检测。操作技能考核试题根据电子装联职业技能标准中技能等级要求，将技能要求转化为实操题目，完全覆盖了技能点，保证了培训人员的学习范围不遗漏。

本书由戚国强（快克智能装备股份有限公司）、邱华盛（中兴通讯职业技术学院）、朱桂兵（南京信息职业技术学院）任主编，刘志宏（快克智能装备股份有限公司）、魏子陵（中国电子制造产业联盟）、统雷雷（中兴通讯职业技术学院）、李东（快克智能装备股份有限公司）、刘奇（快克智能装备股份有限公司）任副主编，刘春光（北京竹辉科技中心）任主审。孙磊（中兴通讯职业技术学院）、张卫华（快克智能装备股份有限公司）、周雄伟（快克智能装备股份有限公司）、段向军（南京信息职业技术学院）、王林高（淮阴工学院电子工程学院）为本书编写提供了大量的素材，在此表示由衷的感谢。

由于时间仓促、作者水平有限，加之电子装联技术高速发展，书中疏漏和不当之处在所难免，敬请广大读者批评指正，我们将持续更新题库内容，更好地服务于行业高端技术技能人才的培养。

编　者

2023 年 8 月

目 录

一、技能标准

电子装联职业技能等级要求（高级）见下表。

电子装联职业技能等级要求（高级）表

工作领域	工作任务	职业技能要求
1. 装联准备	1.1 环境稽核	1.1.1 能依据现场作业环境5S点检结果，提出改善报告 1.1.2 能依据对车间环境参数点检结果，提出装联安全作业改善报告 1.1.3 能依据对车间静电防护点检结果，提出静电防护作业改善报告 1.1.4 能针对现场识别的点检结果，提出改善方案
	1.2 静电防护	1.2.1 能根据静电防护要求，正确穿戴防静腕带、衣帽、鞋等 1.2.2 能根据静电防护要求，测量静电环和防静电鞋是否合格 1.2.3 能根据静电防护要求，测量实训工作台静电接地是否合格 1.2.4 能根据静电防护要求，能够正确使用静电防护相关的测试仪器
	1.3 物料标码	1.3.1 能识读物料清单的物件用量情况 1.3.2 能识读不同物料规格和参数 1.3.3 能制作物料标签，并在指定位置贴码标识 1.3.4 能发现物料的标码错误并修正
	1.4 基板打码	1.4.1 能根据追溯要求，设定打码内容 1.4.2 能根据PCB尺寸及Mark点，编辑打码程序 1.4.3 能根据不同产品类型，优化设备参数 1.4.4 能够根据工艺文件优化打码程序
2. 基板贴装	2.1 印刷涂敷	2.1.1 能根据产品特性，选用合适的锡膏 2.1.2 能调试印刷工艺参数，并调用程序完成印刷作业 2.1.3 能够通过工艺参数的调整，改善印刷品质 2.1.4 能编制印刷涂敷工艺作业指导书，并组织培训
	2.2 印刷检查	2.2.1 能操作SPI设备并熟悉SPI机台原理 2.2.2 能编辑SPI作业程序 2.2.3 能统计分析SPI检出不良数据，并改善印刷品质 2.2.4 能编制SPI作业指导书并组织培训
	2.3 元器件贴装	2.3.1 能编辑贴片程序，并完成贴装作业 2.3.2 能收集贴装缺陷，并分析缺陷原因，制定优化方案 2.3.3 能根据设备保养说明书进行设备日常保养 2.3.4 能编制贴装作业指导书，制定贴装工艺方案

续表

工作领域	工作任务	职业技能要求
3. 基板焊接	3.1 再流焊接	3.1.1 能针对特殊元器件，编辑再流焊生产程序 3.1.2 能根据工艺要求，验证并优化炉温工艺参数，完成再流焊作业 3.1.3 能够根据焊接不良调整工艺参数 3.1.4 能编制再流焊作业指导书，并组织培训
	3.2 选择性波峰焊接	3.2.1 能熟练运用在线式选择性波峰焊操作软件的视觉编程系统，完成程序编辑和焊接作业 3.2.2 能根据不同类型的焊点，优化设置在线式选择性波峰焊的焊接参数 3.2.3 能根据设备保养操作说明书，完成在线式设备日常保养和维护 3.2.4 能够熟练操作在线式设备，完成点焊和拖焊工艺的应用
	3.3 机器人焊接	3.3.1 能正确安装锡丝和焊嘴，正确开启设备控制器，设定相应温度并使用温度校准仪点检温度、校正温度 3.3.2 能综合分析装联任务及焊接元器件特征，编制合适的焊接程序，操作焊接机，完成自动焊接作业 3.3.3 根据焊接结果，分析焊点缺陷原因，优化焊接参数，提升焊接良率 3.3.4 制定重点难点管控工艺，编制机器人焊接作业指导书，组织相关机器人焊接操作培训
	3.4 热压焊接	3.4.1 能正确安装热压焊嘴，并校准温度 3.4.2 能根据产品调整热压焊嘴水平度，并校准机头压力 3.4.3 能根据焊接 FPC 等工件，设定焊接位置、焊接温度曲线、焊接压力等参数，完成焊接作业 3.4.4 能根据焊接结果，优化热压焊接参数
4. 基板检修	4.1 基板检测	4.1.1 能正确使用维修站软件，人工确认误判情况 4.1.2 能根据作业指导书进行程序编辑，并能优化工艺参数 4.1.3 能使用 AOI SPC 软件，统计分析不良缺陷数据，找出 TOP1 缺陷产生的原因 4.1.4 能根据找出的原因，优化工艺制程方案，降低对应不良类型的缺陷率
	4.2 基板返修	4.2.1 能根据 PCB 板类型，选用不同的返修工具及设备组合 4.2.2 能正确使用返修工具及设备组合，针对不同类型的器件返修作业 4.2.3 能正确使用返修工具对 BGA 焊盘进行清理，并完成 BGA 植球工作 4.2.4 能根据芯片焊接不良的现象优化设备参数，正确使用 BGA 返修台，完成芯片返修作业
5. 基板装联	5.1 基板点胶	5.1.1 能根据点胶产品的要求选择合适的针头 5.1.2 能正确的使用点胶控制器，并能设定合适气压 5.1.3 能掌握视觉定位软件的操作，并完成点胶程序编辑 5.1.4 能使用软件设置、修改点胶工艺参数，完成点胶作业
	5.2 基板锁付	5.2.1 能够根据产品选择合适自动螺丝机机型及软件 5.2.2 能根据锁付产品的不同，选择合适的批头、吸嘴和供料器 5.2.3 能使用视觉定位软件进行编程，完成锁付作业 5.2.4 能对锁付不良的产品进行质量分析，找出根本原因并能优化工艺参数

二、考评标准

为落实“电子装联职业技能等级”考评工作，推进做大“1+X”证书制度试点工作范围，快克智能装备股份有限公司（以下简称“快克公司”）组织专家编写《电子装联职业技能等级证书考核方案》，现具体说明如下：

（一）考核原则

1. 整体性原则

基于电子信息制造业电子装联岗位活动的整体状况和水平，电子装联职业技能等级考评不仅突出电子装联岗位的主流技术、主要技能要求，还兼顾行业不同地域间可能存在的差异，同时还考虑电子装联未来技术的发展。考评定位于全国中职院校、高职本科院校等职业院校电子信息类相关专业学生技能的平均先进水平，即多数专业学生经过教育培训或岗位实践能够达到的水平。

2. 等级性原则

电子装联职业技能等级考评应按照职业岗位活动范围的宽窄、工作责任的大小、工作难度或技术复杂程度的高低所划定的职业技能等级，系统化设计梯次式考评方案。

3. 实用性原则

电子装联职业技能等级考评应客观、准确地反映工作现场对岗位人员的理论知识和技能要求，符合职业教育培训、人才技能鉴定评价的需要。

4. 可操作性原则

电子装联职业技能等级考评内容应覆盖专业技能、专业知识、职业素养三个方面，考评内容还应力求具体化、可度量、可检验，便于实施。考评方式采用线上线下混合式考评，即线上考评专业知识，线下考评专业技能。

5. 对接性原则

电子装联职业技能等级考评对接学分银行，引入学习成果抵扣学分应用模式，建立学分等级与学分通用机制。

（二）考核对象

面向电子信息类专业中职、高职、高职本科院校学生。

（三）考核方式

电子装联职业技能等级考核分为理论知识考核和操作技能考核。理论知识考核采用笔试或机考等方式；操作技能考核采用现场实操考核方式，两部分考试成绩均合格的学员可以获得相应级别的职业技能等级证书。题型、时间分配、总分、合格标准分见下表。

考试类别	题型	时间分配/分钟	总分	合格标准分
理论知识	客观题、主观题	60	100	60
操作技能	实操题	150	100	60

（四）理论知识考核

理论知识考核试卷满分 100 分，55 道题，其题型、题量、分值和配分等参数见下表。

考试日期＿＿＿＿＿答题时间＿＿＿＿＿组卷人＿＿＿＿＿审核人

【电子装联】理论知识考核组卷方案

题型	考核方式	开闭卷	鉴定题量	分值	配分
判断题	机考或笔试	闭卷	10	1/题	10
单项选择题			30	1/题	30
多项选择题			10	1/题	10
简述题			5	10/题	50
小计	—	—	55	—	100

1. 考试方式

采用线上机考或笔试方式，采用由客观题和主观题组合的非标准化试卷。

2. 考试题型及分布

客观题型：判断题、单项选择题、多项选择题。

主观题型：简述题。

3. 开闭卷

采用闭卷考试。

4. 鉴定题量与配分

总配分为 100 分，考核时间 60 分钟。

（五）操作技能考核

操作技能考核按照“电子装联操作技能考核项目表”进行安排，分为“项目”“模块”两个层次。根据工作领域、工作任务划分项目和模块，确定考核方案，并反映各项目、模块的考核内容、考核方式、选考方法、考核时间及配分等。

1. 项目划分

依据“工作领域”进行划分。

2. 模块划分

依据“工作任务”进行划分。模块内容可独立考核，且各个模块内容不能相互关联。操作技能考题以模块为单位进行命题。

3. 考试方式和配分

根据试题要求进行现场实操，考试分为必考和选考两种题型。

总分为百分制。具体分值根据职业技能等级和模块性质进行分配。高级的操作技能考核项目见下表。

电子装联操作技能考核项目（高级）表

序　号	项目名称	模块编号	模块内容	考核方式	考试方式	考核时间/分钟	配分
1	装联准备	1.1	环境稽查	现场实操	必考	2	1
		1.2	静电防护	现场实操	必考	2	1
		1.3	物料标码	现场实操	二选一	6	8
		1.4	基板打码	现场实操			
2	基板贴装	2.1	印刷涂敷	现场实操	必考	15	5
		2.2	印刷检查	现场实操	必考	15	10
		2.3	元器件贴装	现场实操	必考	20	15
3	基板焊接	3.1	再流焊接	现场实操	三选一	30	15
		3.2	选择性波峰焊接	现场实操			
		3.3	机器人焊接	现场实操			
		3.4	热压焊接	现场实操	必考	20	15
4	基板检修	4.1	基板检测	现场实操	必考	10	10
		4.2	基板返修	现场实操	必考	20	10
5	基板装联	5.1	基板点胶	现场实操	二选一	10	10
		5.2	基板锁付	现场实操			
合计						150	100

（六）鉴定要求

1. 申报条件

达到法定年龄，具有相应技能的劳动者或学生均可申报。

2. 考评员构成

考评员应具备相应专业领域的专业知识及实际操作经验，每个考评组不少于2名考评员。

3. 鉴定设备要求

（1）操作场地光线充足，整洁无干扰，空气流通，具有安全防火措施和监控设备。

（2）具有考核鉴定的基本配置和实操考核专业设备。专业实训设备清单见下表。

专业实训设备清单表

工作领域	设备名称	建议数量
装联准备	静电电压测试仪	≥1
	表面电阻测试仪	≥1
	人体综合测试仪	≥1
	静电消除器	≥4
	腕带监控器	≥4
	手持打印机	≥1
	冷藏箱	≥1
	贴片料货架	≥1
	激光打标机	≥1
基板贴装	丝网印刷机	≥1
	锡膏检测仪 SPI	≥1
	贴片机	≥1
基板焊接	炉前检查 AOI	≥1
	再流炉测试仪	≥1
	再流焊炉	≥1
	选择性波峰焊	≥1
	热压焊机	≥2
	压力测试仪	≥2
	温度测试仪	≥2
	自动焊接机	≥2
基板检修	焊点检查 AOI	≥1
	BGA 返修台	≥2
	焊台温度测试仪	≥4
	拆焊台温度测试仪	≥4
	烟雾净化过滤系统	≥4
	智能控温焊台	≥4
	智能热风拆焊返修台	≥4
	返修吸锡枪	≥4
	返修工作桌	≥4
基板装联	自动螺丝机	≥2
	扭矩测试仪	≥2
	自动点胶机	≥2
辅助连接设备	传输轨道	≥8

三、学习指南

（一）学习目标与任务

以电子装联岗位的典型工作任务为载体，针对电子装联职业岗位，培养学生制程设计、产品生产与检测、设备编程与操作能力。通过本技能学习帮助电子类相关专业毕业生或在企员工在未来职业生涯中从初始的低层次设备操作员向更高层次的工艺员、程序员、品管技术员等岗位迁移。

（二）学习要点

授课章节		知识点及要求
1. 装联准备	1.1 环境稽核	识记： 5S 现场管理规范； 电子产品生产环境要求； 车间静电防护点检要求； 安全标识。 应用： 依据现场作业环境进行 5S 点检，并提出改善报告； 依据检测车间的环境参数，提出安全装联作业改善报告； 依据静电设备及静电防护的点检情况，提出静电防护的改善报告
	1.2 静电防护	识记： 静电来源及危害； 静电消除方法； 静电防护要点； 车间静电系统改善方法。 应用： 正确穿戴静电环、衣帽、鞋； 测量静电腕带和防静电鞋是否合格； 测量实训工作台静电接地是否合格
	1.3 物料标码	识记： 封装形式； 物料规格参数。 应用： 制作物料清单表及物料标签； 对错码进行改善

续表

授课章节		知识点及要求
1. 装联准备	1.4　基板打码	识记： 打码操作步骤。 应用： 设定打码内容； 编辑打码程序； 优化设备参数； 使用激光标码设备进行基板打码
2. 基板贴装	2.1　印刷涂敷	识记： 焊膏的性能及保存、使用工艺要点； 印刷机结构及主要工艺参数； 印刷编程步骤。 应用： 焊膏选用； 印刷机调试； 编辑印刷涂敷作业指导书； 印刷品质检测
	2.2　印刷检查	识记： SPI 结构及主要工艺参数； SPI 编程步骤。 应用： 编辑 SPI 程序； 编制 SPI 作业指导书； 统计分析 SPI 检出不良数据； 改善印刷品质
	2.3 元器件贴装	识记： 贴片机结构及主要工艺参数； 贴装编程步骤； 贴片作业标准、缺陷类型与成因。 应用： 编制贴装作业指导书； 编辑贴片程序并完成贴装作业； 采集产品贴装缺陷，分析产生原因
3. 基板焊接	3.1　再流焊接	识记： 炉温曲线分区及作用； 再流焊炉结构及主要工艺参数； 焊接缺陷检测标准。 应用： 优化不同产品的炉温参数和炉温曲线； 编辑再流焊接作业指导书； 分析焊点不良原因，现场排除缺陷

续表

授课章节		知识点及要求
3. 基板焊接	3.2 选择性波峰焊接	识记： 选择性波峰焊机的结构及主要工艺参数。 应用： 优化不同产品波峰焊接炉温曲线； 分析不良焊点原因，排除现场焊点缺陷； 根据设备保养操作说明书，完成日常维护保养； 编辑选择性波峰焊接作业指导书
	3.3 机器人焊接	识记： 机器人焊接机的结构及主要工艺参数； 机器人焊接机的编程与操作步骤。 应用： 分析产品特征，编制焊接程序，完成焊接作业； 分析焊点缺陷原因，优化焊接参数； 编制焊接机器人作业指导书
	3.4 热压焊接	识记： 热压焊接机的结构及主要工艺参数； 热压焊接机的编程与操作步骤。 应用： 安装热压焊嘴，校准温度及机头压力； 设置热压焊焊接位置、焊接温度曲线、焊接压力等参数，完成焊接作业； 根据焊接效果，优化焊接参数
4. 基板检修	4.1 基板检测	识记： AOI 设备的结构及主要工艺参数； AOI 设备的编程与操作步骤。 应用： 编制 AOI 设备检测程序； 使用 AOI SPC 软件，统计分析不良缺陷数据； 分析焊接不良原因，优化工艺制程方案
	4.2 基板返修	识记： 不同返修工具及设备的优缺点与操作步骤。 应用： 正确使用返修工具及设备组合，进行不同类型器件的返修作业； 正确使用 BGA 返修台，完成芯片返修作业
5. 基板装联	5.1 基板点胶	识记： 点胶机器人的结构及主要工艺参数； 点胶机器人的操作与编程步骤； 贴片胶的性能参数及使用场合。 应用： 使用视觉定位软件完成点胶程序编制； 根据胶水的特性及点胶量大小，选择合适的针头； 设置、修改点胶工艺参数，完成点胶作业

续表

授课章节		知识点及要求
5. 基板装联	5.2 基板锁付	识记： 锁付机器人的结构及主要工艺参数； 锁付机器人的操作与编程步骤； 锁付机器人的使用场合。 应用： 根据锁付产品的不同，选择合适的批头、吸嘴和供料机； 根据工艺要求，设置电批扭矩、速度等参并配合视觉定位软件完成程序编制； 对锁付数据进行分析，并优化工艺参数

（三）学习思路

基于电子装联工作岗位，按照产品装联的工艺流程，首先从生产准备工作任务入手、了解 SMT 职场环境、物料标码方法、工艺设计；其次学习贴装工艺，了解焊膏涂敷的原理、设备编程、工艺参数设置与调整，以及印刷涂敷质量的检查方法，了解不同元器件的贴装工艺要点，贴装参数的调整方法；再次学习焊接工艺，学习再流焊、选择性波峰焊、热压焊以及机器人焊接四种工艺方法；接着学习基板检修，了解 AOI 产品质量判定方法以及 BGA 返修方法；最后学习基板点胶和基板锁付两种基板装联方法。

（四）学习场所

1. 校内电子产品制造中心

课堂进入车间，融教室与生产车间一体，每个生产岗位配有一名指导教师，指导学生实习。每个实训中心，至少配有 1 块防静电工作区、1 条 SMT 自动贴装生产线、1 条选焊插件焊接生产线、1 块机器人焊接及热压焊接生产区、1 条手工焊接及返修生产线、1 条电子装联点胶生产线、1 条电子装联锁付生产线。学生可以通过课外预约进入车间进行针对性岗位自主实习，巩固提高专业技能。

2. 校外实习基地

依据专业人才培养方案，在第二学期、第四学期暑假安排学生到企业进行顶岗实习，重点培养学生职业规范、体验职场环境、增强企业文化认同感，提升团队合作及沟通合作能力。

（五）学习计划

参照课程授课计划。

（六）考核方式

参照技能考核标准。

（七）学习资源

1. 参考文献

[1] 戚国强，李朝林，徐建丽. 电子装联职业技能等级证书教程：中级[M]. 北京：中国铁道出版社有限公司，2022.
[2] 李朝林，魏子陵. SMT 设备维护[M]. 天津：天津大学出版社，2009.
[3] 刘哲. 现代电子装联工艺学[M]. 北京：电子工业出版社，2016.
[4] 樊融融. 现代电子装联工艺过程控制[M]. 北京：电子工业出版社，2010.

2. 设备资源

教学区	图例	说明
电子装联静电防护		由人体综合测试仪、静电电压测试仪、表面阻抗测试仪组成； 主要用于培养静电测试点检技能学习
SMT 自动贴装生产		生产线由激光打标机、印刷机、SPI、贴片机、炉前检测 AOI、再流焊、炉后检测 AOI 组成； 主要用于培养学生 SMT 设备生产、编程、检测等技能学习
选焊插件焊接		生产线由插件工作台、选择性波峰焊接设备组成； 主要用于培养学生插件物料焊接技能学习
焊接机器人/热压焊		由桌面式焊接机器人与热压焊组成； 主要用于培养学生桌面式焊接机器人与热压焊设备操作编程技能学习
手工焊接和返修		由 BGA 返修台、烟雾净化系统、智能控温焊台、智能热风拆焊返修台等设备组成； 主要用于培养学生进行普通元器件及 BGA 焊接返修技能学习
电子装联点胶/锁付		由带视觉式点胶机器人与带视觉式锁付机器人组成； 主要用于培养点胶和锁付技能学习

四、理论知识考核试题

（一）判断题

工作领域一　装联准备

1.（　　）员工发现直接危及人身安全的紧急情况时，有进行紧急避险的权利。

2.（　　）员工可以在作业过程中放弃使用劳动防护用品。

3.（　　）电子产品 SMT 制造环境因素包括温度，湿度，静电防护，照明，通风等等。

4.（　　）静电敏感器件内置静电保护电路可以彻底消除静电损害。

5.（　　）需要运回厂家或维护中心的待修印制电路板组件，无须先装入防静电屏蔽袋就能运送。

6.（　　）拿取 IC 器件时应佩戴防静电腕带。

7.（　　）如果两种不同材料的物件因直接接触或静电感应而导致相互间电荷的转移，使之存在过剩电荷，这样就产生了静电。

8.（　　）通常静电耗散及泄漏的措施不同时使用。

9.（　　）在相对湿度大于 50%的环境中，防静电工作服必须选用纯棉制品。

10.（　　）静电手腕带所起的作用只不过是使人体静电流出,作业人员在接触到 PCB 时，可以不戴。

11.（　　）快克 6612 烟雾净化系统具有跟智能电焊台联机控制的功能，焊台休眠，烟雾净化也同步休眠。

12.（　　）高效过滤器一般用于捕集 0.3 微米以上的颗粒粉尘以及各种悬浮物净化效率可达 99.97%。

13.（　　）过滤器中的活性炭成分主要吸附前段过滤中无法去除的化学物质，细菌，有机污染物等。

14.（　　）当 MSD 暴露在再流焊接升高温度的环境时，因渗入 MSD 内部的潮气蒸发产生足够的压力，使封装塑料从芯片或引脚框上分层、线键合和芯片损伤及内部裂纹，在极端情况下，裂纹延伸到 MSD 表面，甚至造成 MSD 鼓胀和爆裂，这就是人们所说的“爆米花”现象。

15.（　　）ESD 就是 Electro Static Discharge（静电放电）。

16.（　　）使用三相五线制供电，其大地线可以作为防静电地线。

17.（　　）静电中和：利用离子风中的电荷与静电电荷相中和，可用于产品的除尘。

18.（　　）静电测量的主要参数有电荷量和静电电压。

19.（　　）在相对湿度大于50%的环境中，防静电工作服不允许选用纯棉制品。

20.（　　）普通的LED所能承受的静电电压是500～1 000 V。

21.（　　）从包装袋倒出LED时尽可能轻缓些，避免因快速倒出时的摩擦产生静电。

22.（　　）工作台可以相互串联接地。

23.（　　）静电释放是一种由静电电源产生的电荷进入电子组件后迅速放电的现象。当静电电能与静电敏感器件（SSD）接触或接近时所产生的放电会对元器件造成损伤。

24.（　　）光线照射电子产品也会产生静电。

25.（　　）静电对元器件和人都会造成伤害和损伤。

26.（　　）手工焊接或返修时要使用防静电烙铁。

27.（　　）所谓静电，就是一种处于静止状态的电荷或者说不流动的电荷（流动的电荷就形成了电流）。

28.（　　）ESD成为电子工业中的“硬病毒”。

29.（　　）特别注意不可裸手拿线路板。

30.（　　）防静电地线不得与防雷线共用，可以接在电源零线上。

31.（　　）人是主要的静电电源之一。

32.（　　）激光在材料表面停留的时间越长，材料表面标刻印记越深。

33.（　　）防静电工椅的系统接地电阻要求为1×10^5～$1\times10^9\ \Omega$。

34.（　　）激光的特性是定向发光、亮度极高、颜色极纯、能量极强。

35.（　　）激光对组织的生物效应是热效应、光化学效应、压强作用、电磁场效应和生物刺激效应。

36.（　　）爱因斯坦提出“受激发射”理论，即一个光子使得受激原子发出一个相同的光子。

37.（　　）目前我们工业应用的激光等级分类为ClassⅣ/4。

38.（　　）激光器发射的激光，朝一个方向射出，光束的发散度极小，大约只有0.001弧度，接近平行。

39.（　　）激光的颜色取决于激光的波长，而波长取决于发出激光的活性物质，即被刺激后能产生激光的那种材料。

40.（　　）目前我们工业用应的激光波长分为355 nm、532 nm、1 064 nm。

41.（　　）激光器发射的激光，朝一个方向射出，我们可以用反射镜，改变它的发射角度。

42.（　　）激光投射到材料表面时，面积越大，它所产生的能量越大。

工作领域二　基板贴装

1.（　　）元器件生产时间极限为：QFP为10 h，其他（SOP、SOJ、PLCC）为48 h。

2.（　　）精度代码M（K,J,G,F）的精度为±20%(±10%,±5%,±2%,±1%)。

3.（　　）塑封元器件存储时包装袋内应有干燥剂，以及湿度指示卡，不使用时不能开封。

4.（　　）一个完整的贴片过程应包含吸嘴取料、元器件辨识和贴片过程。

5.（　　）根据IPC-9850标准，贴片机的贴装率为65%～75%。

6.（　　）所谓贴片机的分辨率是描述贴片机位移变化的最小当量。

7.（　　）贴片机能够离线编程的机理是除了贴片机与PCB的基准点偏移量外其他数

据均可利用 PCB 的原始设计数据，实现快速导入，离线编程。

8.（　　）元器件贴装过程依次是基板输入与定位，元件定位，元件拾取与贴装，坏板检查，贴片，基板导出。

9.（　　）贴片机的贴装能力很强，只要尺寸合格的 PCB 均可贴装，对定位孔，工艺边以及 Mark 点的设置可根据产品需要任意订制。

10.（　　）根据 IPC-9850 标准，贴片机验收时贴装的 PCB 满足 SMT 检验规范的标准是 99.999%。

11.（　　）表面组装器件（SMD）主要包含半导体分立器件和集成电路。

12.（　　）贴片机选型验收时一般可以根据客户需要自由选择试样板测试。

13.（　　）贴片机编程即按照要求填相关数据，所有的元器件编码必须与 BOM 一致。

14.（　　）贴片质量要求：元器件焊端或引脚必须与焊盘对齐并居中，元器件的焊端或引脚至少 75%浸入焊膏中。

15.（　　）当发现零件贴偏时,必须马上对其做个别校正。

16.（　　）当塑封 SMD 开封时发现湿度指示卡的湿度为 30%以上时，在贴装前一定要先进行除湿烘干。

17.（　　）开封后的塑封 SMD 未在规定的时间内装焊完毕时，只要存储完好的，湿度指示卡显示合格，在下次贴装前可直接使用。

18.（　　）贴片机每季度需将空气过滤芯拿出一次，查看其污染情况。

19.（　　）贴片机贴装程序的优化原则是换吸嘴次数少，吸装路径短。

20.（　　）贴片机中常用于贴片工序测量的传感器有压力传感器、负压传感器、图像传感器、温湿度传感器、位移传感器等等。

21.（　　）贴片机要有一定数量的送料器装载量，以减少送料器更换操作。

22.（　　）在关闭贴片机和其他周边设备时，一定要按照关机流程所注明的步骤来操作完成。

23.（　　）在清洁机器表面时，可以使用洗板水擦去表面污垢。

24.（　　）生产时发现供料器不良，可以直接复位供料器，继续投入生产。

25.（　　）贴片机生产时，可以看情况打开安全门盖板，伸手进入机器进行调试。

26.（　　）按下急停开关后，再次打开急停开关，可以接着贴装物料。

27.（　　）贴片机运行过程中发生撞机，应该立刻按下急停开关。

28.（　　）打开贴片机软件，在用户界面选择管理员登录时，需要插入可用的加密狗。

29.（　　）在贴片机软件提示机器回原点时，软件的界面不可进行任何操作。

30.（　　）在刚打开贴片机软件的时候，机器未回原点，贴片机头部相机为不可用状态。

31.（　　）通常清洗纸的宽度会比钢网开孔宽度超出约 10 mm。

32.（　　）只要机器不出问题，就不用对机器进行保养操作。

33.（　　）根据元器件规格选用适合的供料器，才能准确地将物料送到正确的取料位置。

34.（　　）PCB 板的 Mark 点，应该制作在线路板的对角位置。

35.（　　）贴片机气缸不工作，可能是气管堵塞或者气管接头没有接好。

36.（　　）贴片机的直线导轨滑动不顺畅，不可能是滑块没有及时更换润滑油或者有杂物。

37.（　　）贴片机吸嘴无法弹起，可能是吸嘴被堵住，需要清洗吸嘴。

38.（　　）供料器可以在料站上随意插接，不用考虑物料间距和吸嘴位置。

39.（　　）贴片机完成贴装的首批产品可以不需要进行检测。

40.（　　）贴片机在没有气源的情况下也能进行正常生产作业。

41.（　　）SPI 设备主要是针对焊膏印刷品质进行检查的非接触式光学检测设备。

42.（　　）SPI 设备一般是配置在生产线的再流焊接前进行 PCBA 的检查。

43.（　　）使用在线式的 SPI 设备，可以做到对每片印刷 PCB 进行及时的检测。

44.（　　）只有选用带厚度检测能力的 SPI，才能对焊膏印刷的体积进行检测。

45.（　　）3DSPI 检测的结果，可以与印刷机、AOI 等设备进行对比，改善印刷品质。

46.（　　）当印刷偏移超过 35%时，即为不良品。

47.（　　）SPI 只能检测半自动印刷机，无法对接全自动印刷机。

48.（　　）当发现印刷不良重复出现 3 次或以上时，不需要停止印刷，进行调整。

49.（　　）如发现多次印刷漏印的情况，应及时通知印刷机检查钢网是否堵孔。

50.（　　）SPI 设备只能对焊膏印刷进行检测，无法检测胶水印刷。

51.（　　）SPI 设备的测试精度，主要取决 SMT 钢网的品质。

52.（　　）SPI 设备，需要在标准的 SMT 车间环境中使用，否则会影响设备精度及印刷质量。

53.（　　）使用 Z 轴马达调整 3D 检测高度的方式，正在被逐步淘汰。

54.（　　）SPI 设备主要采用的检测原理为灰阶值测试。

55.（　　）SPI 设备检测时反馈图片，具有 2D 图片和 3D 图片两种。

56.（　　）SPI 检测出来的印刷 PCBA 不良品，只能进行清洗报废。

57.（　　）使用 3DSPI 设备检测后，可以不再使用 AOI 设备进行贴片和焊接检测。

58.（　　）使用 2DSPI 设备，也能检测出印刷焊膏的高度数值。

59.（　　）因焊膏的重量比和配方的不同，对印刷的体积、面积也会带来影响。

60.（　　）使用 AOI 设备会比 SPI 设备更提前发现品质问题。

61.（　　）“防呆点”的作用是防止机器进板时误动作。

62.（　　）贴片机中的转角电机是针对不同方向的焊盘，通过转角电机、同步轮和同步带等物件的相互配合，从而将对应元器件旋转相应角度后，准确贴装到 PCB 板指定位置。

63.（　　）气缸在贴片机中一般与电磁阀结合使用，起着升降和止动的作用。

64.（　　）只要焊膏覆盖每个焊盘面积的 60%以上即可进行贴片。

65.（　　）当机器出现故障需要立刻停机时，应先按复位开关。

66.（　　）贴片机气压不足会导致抛料和吸不到料，导致机器告警、停机。

67.（　　）贴片机里的散料在周保养时进行清理，异常情况下转线时就需要清理。

68.（　　）贴片机内部有许多不同类型的传感器，这些传感器可以用无尘布、酒精进行清洗。

69.（　　）贴片机吸嘴吸取元器件的基本原理是真空吸取。

70.（　　）PCB 受潮后会出现 PCB 气泡、焊点不上锡等质量问题。

71.（　　）按锡粉的颗粒尺寸可以分为 1 号，2 号，3 号，…，7 号。标号越大，锡粉的颗粒直径也就越大。

72.（　　）焊膏一般应该放在 0 ℃以下环境中保存，以防止变质。

73.（　　）通常讲的钢网尺寸，是不包含外框的尺寸。

74.（　　）焊膏印刷机的刮刀速度可以改变焊膏印刷厚度，速度越快厚度越薄。

75.（　　）印刷的工艺参数设置主要包括印刷行程、刮刀压力、刮刀宽度、刮刀角度、印刷速度、分离速度、模板清洗次数与方法等。

76.（　　）在印刷锡铅焊膏时，模板的开口宽厚比≥1.5，面积比≥0.66 时，模板具有良好的漏印性。

77.（　　）一般来说，如果 PCB 设计，印制电路板与元器件质量都没有问题，那么在 SMT 工艺中出现质量问题 60%～70%都是在印刷工艺方面。

78.（　　）焊料在达到熔融温度以上熔化时，这种温度对润湿性没有影响。

79.（　　）不同品牌的焊膏不能混用；已失效或用过的焊膏可以与未用的混放。

80.（　　）在电子工业装联工艺中，广泛采用 SnPb 二元合金作为焊料的主要原因之一是：熔化温度范围窄，适于工程应用范围需要。

81.（　　）焊料的铺展性即润湿性，会因表面张力及黏度的下降而得到改善，从而增大了流动性。

82.（　　）印刷机是 SMT 生产线中关系产品质量最关键的工序，也是 SMT 生产中最复杂的设备。

83.（　　）焊膏或贴片胶从储存罐中的取用原则是后进先出。

84.（　　）焊膏使用前须充分搅拌，使用搅拌机的搅拌时间为 1～3 min 左右，人工搅拌为 5 min 左右。

85.（　　）由于底部支撑不好引起的印刷短路，需要调整支撑位置。

86.（　　）由于印刷机程序参数设置问题引起的印刷偏移，需要调整印刷参数，如偏移量及角度。

87.（　　）SPI 的导入可以将 PCB 不合格率有效降低 85%以上。

88.（　　）累积失效概率表示电子元器件产品在规定条件下，工作到这段时间内的失效概率，用 $f(t)$ 表示，又称为失效分布函数。

工作领域三　基板焊接

1.（　　）设定再流焊温度曲线时要考虑的因素有很多,一般包括所使用的焊膏特性,再流炉的特性等，但不需要考虑 PCB 板的特性。

2.（　　）红外再流焊炉的缺点是因为有阻挡阴影导致元器件受热不均匀。

3.（　　）使整个 PCB 板达到均衡温度，减少焊接区热冲击；激发活性剂的活性，并去除焊接表面的氧化物。属于再流焊中保温区的作用。

4.（　　）再流焊时，冷却区曲线和焊接区曲线镜像程度越高，焊点质量越高。

5.（　　）再流焊时，对冷却区的要求是以≤4 ℃/s 速度降温至 75 ℃左右，冷却速度影响焊锡结晶颗粒大小。

6.（　　）再流焊时，焊接区峰值温度应该高于焊膏熔点的 20～40 ℃以上。

7.（　　）传送带横向温差，是表征再流焊设备性能优劣的一个重要指标。

8.（　　）再流焊炉的温度控制精度为 ± 0.5 ℃。

9.（　　）再流焊炉的冷却速度越快，焊点的焊接质量越好。

10.（　　）加热媒介 FC-70 氯氟烷系溶剂，沸腾产生饱和蒸气，实现焊接。属于气相再流焊。

11. (　　) 利用激光束直接照射焊接部位，焊接部位吸收激光能量并转成变热能，熔化焊料，实现焊接。属于激光再流焊。

12. (　　) 再流焊时，预热温度太慢，容易造成焊膏塌陷，造成短路。

13. (　　) 再流焊时，预热温度太快，元件受热冲击，损伤或降低元件性能寿命。

14. (　　) 再流焊时，焊接区的峰值温度控制在 30 s 以内。

15. (　　) 热压焊焊接工作时，焊头两端电压有 220 V。

16. (　　) 在线式热压焊接机，可以提供数据上传，视觉判定等定制功能。

17. (　　) 热压焊时，压力到达后主板不给控制器信号开始加热。

18. (　　) 热压焊焊接的钼焊头具有良好的可塑性，可以加工为双面薄片型。

19. (　　) 台式热压焊设备的组成包括热压动作执行模组，温度控制器，运动平台，示教编程器。

20. (　　) 热压焊加工中，执行升温的信号通过位置触发比通过压力触发更加安全可靠。

21. (　　) PCB 板的锡量稳定控制是后续热压焊焊接加工合格率的重要保障。

22. (　　) 热压焊原理是利用脉冲电流流过钼、钛等具有高电阻特性材料时所产生的巨大焦耳热来加热热压焊头，再通过焊头导热熔融 PCB 上已经预置的焊锡进行焊接。

23. (　　) 目前使用的热压焊头主要是钛合金双面焊头和钼合金单面焊头。

24. (　　) 钛合金焊头硬度更高，热传递性更好。

25. (　　) 目前脉冲热压设备主要应用于线缆、软板以及塑料热铆行业，其中以软板产品应用最为广泛。

26. (　　) 热压焊相较于手工烙铁焊接，产品一致性更高，良率更稳定。

27. (　　) 热压机机头集温度压力采集功能于一体，焊头角度及水平不可调节。

28. (　　) 热压机头温度可以通过测温仪校准，每次生产前需校准焊头温度。

29. (　　) 热压焊的压力控制精度可达到 ± 0.2 N。

30. (　　) 热压焊机台不需要接地线，因为机台不会漏电。

31. (　　) 生产中更换热压头时不需要重新校准温度，安装拧紧就可以生产。

32. (　　) 热压焊焊头的焊接温度可设置超过 600 ℃。

33. (　　) 热压焊加热控制器报警后可直接复位并继续进行生产。

34. (　　) 热压焊在校准温度时只需要校准焊接温度（即高温校准），确保设置温度与实际温度一致即可。

35. (　　) 如果发现热压焊加热控制器的加热曲线过冲，只需要调节比例系数和积分系数，不需要调节焊接功率。

36. (　　) 热压焊焊头上抬时，如果焊盘锡未完全凝固，需要降低固态点 2 的设置温度。

37. (　　) 热压焊点检温度时使用单根传感器线控温升温需打开调试模式。

38. (　　) 可通过示教盒系统配置 1 中的料头校正来校准热压焊的机头压力。

39. (　　) 设置焊接点参数时，热压焊只需要设置一段压力，有特殊要求时再设置二段压力。

40. (　　) 热压焊在压力报警关闭状态下机头会走完设置的 Z 轴行程后触发加热。

41. (　　) 热压焊调节焊头水平时目测焊头达到水平状态即可，不需要使用压敏纸测试压印。

42.（　　）为了延长治具使用寿命，用铝材料给铝基板产品作为焊接治具。

43.（　　）自动焊接机的自动出锡装置精度为 ± 0.5 mm。

44.（　　）自动焊接机的加热控制器的温度控制精度为 ± 3 ℃。

45.（　　）自动焊接机编程的上抬高度设定：取决于两点之间最高障碍物高度值。

46.（　　）助焊剂作用：去除焊盘表面氧化物。

47.（　　）烙铁头在合适的条件下可以不用保养，一直使用。

48.（　　）所有焊接完的元器件引脚不需要修剪。

49.（　　）焊接完的线路板需要再次清洁。

50.（　　）选择性波峰焊的助焊剂不需要过滤器。

51.（　　）选择性波峰焊的焊接工位喷嘴使用的是氮气保护。

52.（　　）选择性波峰焊中，助焊剂有液位报警。

53.（　　）选择性波峰焊中，助焊剂喷嘴不需要清理。

54.（　　）选择性波峰焊预热区是红外加热和热风加热。

55.（　　）选择性波峰焊焊接要求必须 100%润湿焊盘，否则判定为不合格，需要返修。

56.（　　）造成焊盘脱落和锡洞现象主要因素是焊接时间的长短。

57.（　　）氮气在选择性波峰焊中的作用仅是保护喷嘴防止氧化。

58.（　　）采用选择性波峰焊焊接的产品，其线路板上的器件距离板边没有尺寸要求。

59.（　　）选择性波峰焊设备焊接品质由链速控制。

60.（　　）助焊剂喷涂多少对线路板焊接有明显影响。

61.（　　）选择性波峰焊的助焊剂罐可以使用压缩空气来供给。

62.（　　）在节约成本的情况下有铅锡锅和无铅锡锅的维护工具可以共用。

63.（　　）再流焊设备正常工作时，可以关闭 UPS 电源。

64.（　　）温度均匀性对再流焊接品质无影响。

65.（　　）用焊膏的再流焊焊接，为了尽快升温，可从一开始就设置很高温度。

66.（　　）双轨再流焊设备，两个轨道可以设定不同传送速度。

67.（　　）双轨再流焊设备，两个轨道产品可以设定独立温度曲线。

68.（　　）氮气再流焊，出入口排风越大越好。

69.（　　）设备加热操作完成后，下班时直接关闭电源即可。

70.（　　）再流焊预热区，相邻温区设定温度偏差可达 40 ℃。

71.（　　）再流焊焊接区，相邻温区设定温度偏差最高可达 40 ℃。

72.（　　）再流焊炉的温度理想控制精度为 ± 0.5 ℃。

73.（　　）预热区的两个温区之间最高温度设置不能超过 50 ℃。

74.（　　）再流焊使用结束后，直接关闭电源就可以了，不需要进入冷却模式。

75.（　　）SMT 制程流程设计——单面组装：来料检测→丝印焊膏→贴片→再流焊接→清洗→检测→返修。

76.（　　）单面混装工艺——来料检测→PCB 的 A 面丝印（点贴片胶）→贴片→固化→翻板→插件→波峰焊→清洗→检测→返修。

77.（　　）热风再流焊是利用加热器与风机，使炉膛内的空气或氮气不断加热并强制循环流动，从而实现被焊件加热的焊接方法。

78. (　　) 紧急开关：按下紧急开关,可关闭各热风马达电源,同时关闭发热器电源，并且关闭传送电机。设备进入紧急停止状态。

79. (　　) 强制在再流焊机的两端抽风，抽风管道的空气流量要求达 10 m^3/min 以上，以降低炉体温度并将废气全部排出。

80. (　　) 每二个月对 UPS 放电一次,以确保 UPS 内部电池的使用寿命；每次放电 5 分钟，然后充电。

81. (　　) 为保证机器精度,机器传送前须用固定件将两根导轨固定起来。

82. (　　) 对于热容量特别大的金属基板，必须考虑进板数量或间距对焊接温度的影响，最好前后各相空一块板的距离。

83. (　　) 再流焊空气炉需要准备 0.3 MPa 以上的压缩空气。

84. (　　) 氮气炉冷却方式一般采用风冷方式。

工作领域四　基板检修

1. (　　) AOI 的光源设置对检测结果有重大影响，不同的光源在同一个元件上产生不同的灰阶值。

2. (　　) SEM 电子显微镜通常用于电子产品 SMT 在线目测法中进行辅助检测。

3. (　　) AOI 检测时反馈图片的明暗与光源的反射量多少有关。

4. (　　) 内嵌技术（EPV）是检测技术未来的发展方向。

5. (　　) 三维焊膏厚度检测仪属于接触式检测。

6. (　　) 贴片偏移判断标准是检查器件引脚处于焊盘之上的百分比。

7. (　　) 电烙铁温度设置在 480 ℃用锡丝焊接接线端子属于硬钎焊。

8. (　　) 有铅焊锡丝的焊点质量没有无铅焊锡丝的焊点质量好，所有建议用无铅锡丝。

9. (　　) 为防止烙铁头氧化，烙铁焊接完放回支架前应镀一层新鲜的焊锡。

10. (　　) BGA 返修时，需要预先对每块所需返修的 BGA 器件进行温度测试，只有经过测试，并达标的程式才能有针对性的返修对应器件。

11. (　　) 在使用吸锡线进行焊盘清理时，为了更好地热量传导，可以预先在吸锡线上涂抹助焊膏或涂上少量助焊剂。

12. (　　) 红外型 BGA 返修台返修 BGA 时，可采用高反光的铝箔纸进行隔热处理，主要原理为反射红外辐射，降低元器件对热量的吸收。

13. (　　) 吸锡枪使用完后擦拭掉吸嘴上残留的锡渣即可关机。

14. (　　) 返工或返修过的印制板组件需要清洗。

15. (　　) 大区域焊点或底部焊点（如 BGA、QFN），耐受温度高的，优选返修台返修。

16. (　　) 冷焊点会导致焊点强度低、导电性不好的问题。

17. (　　) 永磁同步电机为 AOI 常用的运动电机。

18. (　　) AOI 光源的作用是提供成像所需的光线。

19. (　　) 常用 AOI 数字相机按其成像原理分为 CCD 相机和 CMOS 相机两种。

20. (　　) AOI 运动步进电机精度比伺服电机精度高。

21. (　　) AOI 主要硬件构成包含相机、光源、镜头、运动电机、电脑等。

工作领域五　基板装联

1.（　　）自动点胶机程序编辑完之后要保存程序并下载到运动控制主板上才可以开始加工。

2.（　　）点胶设备在生产完之后需将胶排空不用清洗等待下次生产即可。

3.（　　）喷射点胶机在待机时要打开自动排胶。

4.（　　）每次换针头时不需要校正针头，只要拧紧就可以生产。

5.（　　）胶水使用超过了 8 h 以上也不会影响物料品质。

6.（　　）两个或两个以上金属物体进行压接时，需要为金属施加热能或者化学能。

7.（　　）压接工艺不适用于大批量生产。

8.（　　）使用针筒中的封装胶水时，胶水的总量不宜超过针筒的 2/3，这样可以有效的保证点胶的稳定性。

9.（　　）点胶作业时，针头距离点胶产品表面的距离不宜过高，否则会引起拉丝或污染针头。

10.（　　）厌氧胶点胶时，可以采用金属针头、TT 塑料针头、特氟龙针头、挠性针头。

11.（　　）ECS46T 系列伺服电批控制器采用电流型检测来检测扭矩。

12.（　　）判定螺丝是否浮锁，可以通过锁付角度、锁付时间，还可以通过测高传感器判断。

13.（　　）螺丝在拧紧过程中，遵循 50—40—10 规则，即 50%的螺栓头下的摩擦力，40%螺纹副间的摩擦力，10%的夹紧力。

14.（　　）螺丝防松可以通过改变螺丝材料，螺丝规格，加弹垫和螺纹紧固胶。

15.（　　）常用的拧紧工艺策略有扭矩法、角度法、扭矩/角度综合法。

16.（　　）在 PCB 锁付过程中，为减小产生的应力，可以通过预锁和多步锁付策略。

17.（　　）供料机导轨上的螺丝走料速度太慢，可以将振动参数调小，振动延时调短。

18.（　　）锁付位置周边的干涉情况是决定采用何种锁付模组的关键因素锁，锁付难度平面干涉＜单边干涉≤多边干涉≤沉孔干涉。

（二）单项选择题

工作领域一　装联准备

1. 职业健康安全方针中必须包含（　　）承诺。

   A. 持续改进　　B. 持续改进、遵守法规和其他要求

   C. 遵守法规和其他要求　　D. 实现员工要求

2. 请选出正确拿取 PCBA 的状态（　　）（其中深色表示戴了防静电手套）。

   A. 　B. 　C. 　D. 

3. 烙铁的接电阻值多少为合格？（　　）

   A. 小于 15 Ω　　B. 15～20 Ω　　C. 20～25 Ω　　D. 25～35 Ω

4. 器件的局部损伤，降低了器件的技术性能，虽然能正常工作，但是使用寿命已经受损，属于静电中的（　　）。

A. 硬击穿　　B. 软击穿　　C. 静电吸附灰尘　　D. 静电噪音

5. 下列哪些元件属于静电敏感元件？（　　）

A. 电阻　　B. 电容　　C. 三极管及 IC　　D. 电感

6. 静电电压能够由以下哪几种情况产生？（　　）

A. 摩擦　　B. 感应　　C. 分离　　D. A+B+C

7. 静电电量的物理量纲单位是（　　）。

A. 欧姆　　B. 安培　　C. 库仑　　D. 法拉

8. 在相对湿度 10%～20%时，走过地毯产生的静电电压是（　　）。

A. 12 000 V　　B. 10 000 V　　C. 35 000 V　　D. 8 000 V

9. 一次性造成整个器件的失效和损坏，使元器件无法工作，属于静电中的（　　）。

A. 硬击穿　　B. 软击穿　　C. 静电吸附灰尘　　D. 静电噪声

10. A 级防静电工作区要求对地静电电位不超过（　　）。

A. ±100 V　　B. ±200 V　　C. ±500 V　　D. ±1 000 V

11. 原子由原子核和电子构成，其中原子核带什么电荷？电子带什么电荷？（　　）

A. 正、负　　B. 正、正　　C. 负、正　　D. 负、负

12. 图题 12 中的设备名称是什么？（　　）

A. 初效过滤　　B. 中效过滤器

C. 高效过滤器　　D. 活性炭过滤器

题 12

13. 烟雾净化系统的过滤效率是（　　）。

A. 100%　　B. 97%

C. 99%　　D. 99.97%

14. 烟雾净化系统过滤最小颗粒物是多少？（　　）

A. 2.5 μm　　B. 3 μm　　C. 0.25 μm　　D. 0.3 μm

15. 图题 15 中的设备的名称是什么？（　　）

A. 初效过滤　　B. 中效过滤器

C. 高效过滤器　　D. 火星隔离网

题 15

16. 在烟雾净化系统中，HEPA 表示什么？（　　）

A. 中效过滤器　　B. 高效过滤器

C. 过滤器　　D. 提示风机保护

17. 标准烟雾净化系统的吸烟口直径是多少？（　　）

A. 25 mm　　B. 50 mm　　C. 75 mm　　D. 100 mm

18. 某客户现场需要一台点胶设备解决产品本身误差以及点胶精度问题，建议配置是（　　）。

A. 三轴点胶平台+配置针筒点胶

B. 三轴点胶平台+胶阀点胶

C. 三轴点胶平台+视觉引导的多功能编程软件

D. 以上都可以

19. 防静电工作台的表面电阻率要求（　　）。

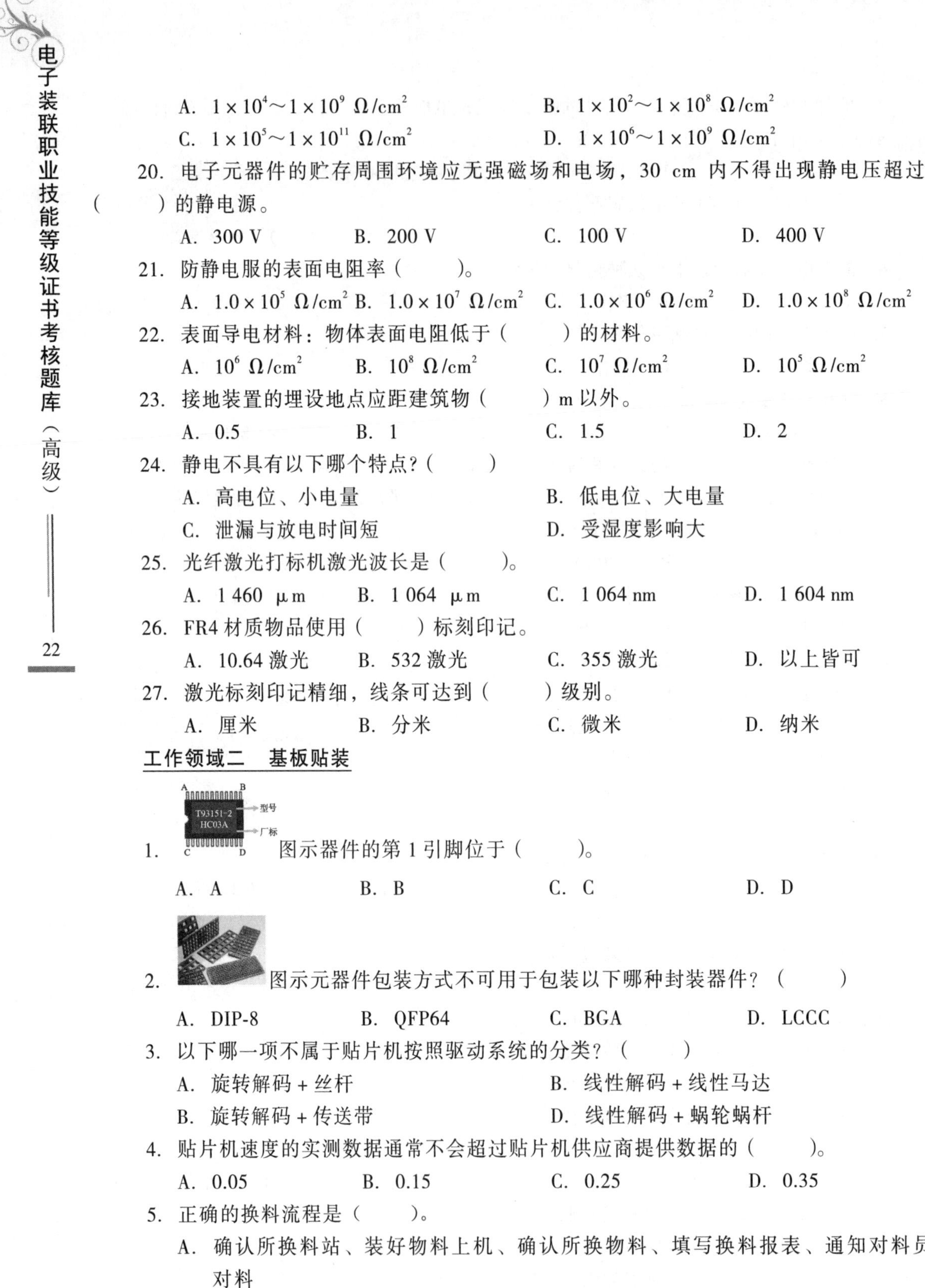

A. $1\times10^{4}\sim1\times10^{9}$ Ω/cm² B. $1\times10^{2}\sim1\times10^{8}$ Ω/cm²
C. $1\times10^{5}\sim1\times10^{11}$ Ω/cm² D. $1\times10^{6}\sim1\times10^{9}$ Ω/cm²

20. 电子元器件的贮存周围环境应无强磁场和电场，30 cm 内不得出现静电压超过（ ）的静电源。
A. 300 V B. 200 V C. 100 V D. 400 V

21. 防静电服的表面电阻率（ ）。
A. 1.0×10^{5} Ω/cm² B. 1.0×10^{7} Ω/cm² C. 1.0×10^{6} Ω/cm² D. 1.0×10^{8} Ω/cm²

22. 表面导电材料：物体表面电阻低于（ ）的材料。
A. 10^{6} Ω/cm² B. 10^{8} Ω/cm² C. 10^{7} Ω/cm² D. 10^{5} Ω/cm²

23. 接地装置的埋设地点应距建筑物（ ）m 以外。
A. 0.5 B. 1 C. 1.5 D. 2

24. 静电不具有以下哪个特点？（ ）
A. 高电位、小电量 B. 低电位、大电量
C. 泄漏与放电时间短 D. 受湿度影响大

25. 光纤激光打标机激光波长是（ ）。
A. 1 460 μm B. 1 064 μm C. 1 064 nm D. 1 604 nm

26. FR4 材质物品使用（ ）标刻印记。
A. 10.64 激光 B. 532 激光 C. 355 激光 D. 以上皆可

27. 激光标刻印记精细，线条可达到（ ）级别。
A. 厘米 B. 分米 C. 微米 D. 纳米

工作领域二　基板贴装

1. 图示器件的第 1 引脚位于（ ）。
A. A B. B C. C D. D

2. 图示元器件包装方式不可用于包装以下哪种封装器件？（ ）
A. DIP-8 B. QFP64 C. BGA D. LCCC

3. 以下哪一项不属于贴片机按照驱动系统的分类？（ ）
A. 旋转解码 + 丝杆 B. 线性解码 + 线性马达
B. 旋转解码 + 传送带 D. 线性解码 + 蜗轮蜗杆

4. 贴片机速度的实测数据通常不会超过贴片机供应商提供数据的（ ）。
A. 0.05 B. 0.15 C. 0.25 D. 0.35

5. 正确的换料流程是（ ）。
A. 确认所换料站、装好物料上机、确认所换物料、填写换料报表、通知对料员对料
B. 确认所换料站、填写换料报表、确认所换物料、通知对料员对料、装好物料上机

C. 确认所换料站、确认所换物料、通知对料员对料、填写换料报表、装好物料上机

D. 确认所换料站、确认所换物料、装好物料上机、填写换料报表、通知对料员对料

6. 以下哪一项不属于贴片机精确定位的位移监测设备？（　　）

A. 圆光栅编码器　B. 磁栅尺　C. 光栅尺　D. 光电传感器

7. 贴片机贴片元件的原则为（　　）。

A. 应先贴小零件，后贴大零件　B. 应先贴大零件，后贴小零件

B. 可根据贴片位置随意安排　D. 以上都不是

8. 以下哪一项不属于贴片机运作原理的分类？（　　）

A. 同步拾放　B. 顺序拾放　C. 流水拾放　D. 跳件拾放

9. 带式供料器选用依据（　　）。

A. 物料的宽度　B. 物料封装的步距　C. 物料封装宽度　D. 物料长度

10. 机器使用中发现管路有水汽处理方式及顺序为（　　）。

a. 通知厂商　b. 管路放水　c. 检查机台　d. 检查空压机

A. abcd　B. dcba　C. bcda　D. adcb

11. 在机器突然停电的情况下，为保护机器应先切断（　　）。

A. 气源　B. 电源　C. 电源和气源　D. 空气开关

12. 在绝对坐标中 $A(40,80)$、$B(18,90)$、$C(75,4)$三点,若以 B 为中心，则 A,C 之相对坐标为（　　）。

A. $A(22,-10)$，$C(-57,86)$　B. $A(-22,10)$，$C(57,-86)$

C. $A(-22,10)$，$C(-57,86)$　D. $A(22,-10)$，$C(57,-86)$

13. PCB 翘曲规格不应当超过其对角线的（　　）。

A. 0.7%　B. 1.4%　C. 2.1%　D. 2.8%

14. 一般日系和美系贴片机最小 PCB 贴装尺寸是（　　）。

A. 50 mm × 50 mm　B. 30 mm × 30 mm　C. 60 mm × 60 mm　D. 40 mm × 40 mm

15. 贴片机检测真空时，close 值和 open 值之间差的绝对值应（　　）吸嘴的测量标值。

A. 大于　B. 等于　C. 小于　D. 视情况而定

16. 离线编程时，以下哪些步骤可以减少上机调试时间？（　　）

①在整理编程资料时尽量准确，特别是元器件封装描述、极性元件的角度设定。②准确设置离线编程软件，特别是使用设备的吸嘴、供料器的设定。③采用从左向右，从上向下的方法进行编程。

A. ①②　B. ①③　C. ②③　D. 以上都对

17. 如图题 17 所示的缺陷，容易出现在哪种供料器的供料过程中？（　　）

A. 散装供料器　B. 编带式供料器

C. 托盘供料器　D. 管式供料器

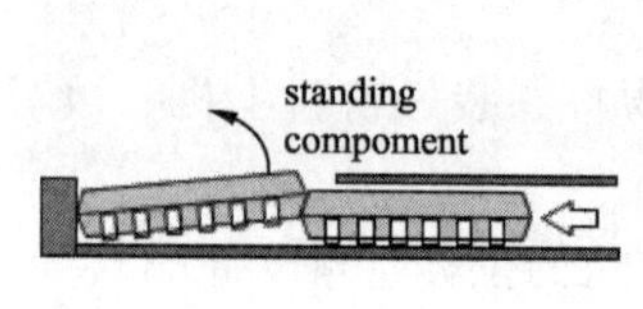

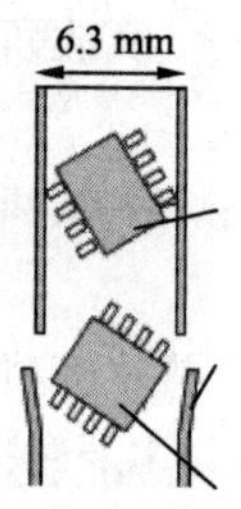

题 17

18. SMT 设备一般使用的额定气压为（　　）。

A. 4 kg/cm² B. 5 kg/cm² C. 6 kg/cm² D. 7 kg/cm²

19. 表面贴装技术的英文缩写是（　　）。

A. SMC B. SMD C. SMT D. SMB

20. 通常 SMT 车间的标准环境温度是（23℃ ± 5℃），湿度为（　　）。

A. 10%～35% RH B. 20%～55% RH

C. 30%～65% RH D. 40%～75% RH

21. 常见的带宽为 8mm 的供料器送料间距为（　　）。

A. 3 mm B. 4 mm C. 5 mm D. 6 mm

22. 贴片机的供料器送料工作台保养维护时间是（　　）。

A. 每日保养 B. 每周保养 C. 每月保养 D. 每季保养

23. 贴片机定期清洁相机镜头的灰尘和杂物，保养维护时间是（　　）。

A. 每日保养 B. 每周保养 C. 每月保养 D. 每季保养

24. 贴片机（Mounting)又称（　　）、表面贴装系统。

A. 贴装机 B. 贴合机 C. 贴板机 D. 贴压机

25. 贴片机轨道宽约比基板宽度宽（　　），以保证输送顺畅。

A. 0.1 mm B. 0.5 mm C. 3 mm D. 2 mm

26.（　　）有源表面贴装器件（SMD）被广泛使用，驱使了表面安装技术（SMT）迅速发展起来。

A. 20 世纪 50 年代 B. 20 世纪 60 年代

C. 20 世纪 70 年代 D. 20 世纪 80 年代

27. SMT 产品需要经过：a. 零件放置，b. 再流焊，c. 清洗，d. 上焊膏，其先后顺序为（　　）。

A. a→b→d→c B. b→a→c→d C. a→d→b→c D. d→a→b→c

28. SMT 产品需要经过:零件放置→再流焊→清洗→上焊膏，贴片机属于其中的（　　）。

A. 零件放置 B. 再流焊 C. 清洗 D. 上焊膏

29. 下列电容尺寸为英制的是（　　）。

A. 1005 B. 1608 C. 0603 D. 4564

30. 符号为 473 的电阻的阻值应为（　　）。

A. 473 Ω B. 470 Ω C. 4 700 Ω D. 47 000 Ω

31. 标号为 104 的电容容值为（　　）。

A. 10 pF　　B. 104 pF　　C. 1 μF　　D. 0.1 μF

32. 贴片机中隔绝进气气源内的水汽和油污的器件叫什么？（　　）

A. 油水分离器　　B. 气缸　　C. 电磁阀　　D. 吸嘴

33. 在不承受负荷时，拉伸弹簧的圈与圈之间一般都是（　　）。

A. 松弛的较小间隙　　B. 并紧的没有间隙

C. 松弛的较大间隙　　D. 并紧的较小间隙

34. 操作急停开关时，只需顺时针方向旋转大约（　　）度后松开，按下部分就会弹起。

A. 30　　B. 45　　C. 60　　D. 90

35. SPI 的英文全称是（　　）。

A. Start Pick It　　B. Sweet Pick It

C. Solder Paste Inspection　　D. SamepassIssue

36. SPI 是管控 SMT 生产线上的哪一道工艺？（　　）

A. AOI　　B. 再流焊　　C. 印刷机　　D. 贴片机

37. SMT 制程中有 70%的不良与（　　）有关。

A. 贴片　　B. 焊膏印刷　　C. 炉温　　D. 焊盘氧化

38. SPI 设备主要通过什么文件进行编程？（　　）

A. CAD　　B. 钢网 Gerber　　C. BOM　　D. PCB

39. 在 SPI 设备面世前，主要的焊膏印刷检测手段是（　　）。

A. 目视检验　　B. X 光检验　　C. 机器视觉检验　　D. 以上皆是

40. PCBA 印刷和检测时，检测程序使用的坐标定位方式是（　　）。

A. 顶针定位　　B. Mark 定位　　C. 夹板定位　　D. 不定位

41. ROSH 工艺主要是指焊膏和产品中不含哪类金属物质？（　　）

A. 银　　B. 锡　　C. 铜　　D. 铅

42. 影响 SPI 设备检测的最小元件的关键因素是（　　）。

A. 设备尺寸　　B. 计算机性能　　C. 电机品牌　　D. 3D 能力及分辨率

43. 自动 SMT 设备检修时，可以在软件的（　　）里查看设备的信号状态。

A. I/O 控制　　B. 运动控制　　C. 生产设置　　D. 数据录入

44. 一般情况下，焊膏印刷（　　）数值，是 SPI 测试的主要检查内容。

A. 面积　　B. 体积　　C. 高度　　D. 短路

45. 焊膏印刷偏移量，按标准设置，是以下哪一项？（　　）

A. 须小于标准焊盘的 25%焊盘长度与 25%焊盘宽度，或焊盘直径的 25%

B. 须小于标准焊盘的 40%焊盘长度与 35%焊盘宽度，或焊盘直径的 40%

C. 须小于标准焊盘的 45%焊盘长度与 35%焊盘宽度，或焊盘直径的 45%

D. 须大于等于标准焊盘的 35%焊盘长度与 35%焊盘宽度，或焊盘直径的 35%

46. SPI 测试系统中有一重要的名词 FOV，下列说法正确的是（　　）。

A. 一个检测程序只能有一个 FOV　　B. FOV 是指相机拍取的大图

C. 一个 FOV 不可以有多种光源　　D. 一个检测程序可以有一个或多个 FOV

47. Sinhovo 在线式 3DSPI 采用的主要检测原理是（　　）。
A. 白光干涉相位　B. 红光干涉相位　C. 摩尔条纹技术　D. 红光衍射相位

48. 焊膏印刷的脱膜时间一般控制在（　　）最佳。
A. 1 s　B. 2 s　C. 3 s　D. 时间越长越好

49. 以下印刷不良现象中，必须将 PCB 清洗后重新印刷的是（　　）。
A. 少锡　B. 整体偏移　C. 轻微短路　D. 轻微漏印

50. 以下哪一种不良不属于印刷工位的不良？（　　）
A. 少锡　B. 短路　C. 假焊　D. 偏位

51. 当设备发生故障，并可能产生设备或人身伤害时，应及时按下（　　）按钮。
A. 复位按钮　B. 开始按钮　C. PASS 按钮　D. 急停开关

52. 在以下元件的印刷中，需要使用最高检测标准的是哪类元件？（　　）
A. 0603 片式元件　B. 0.5 节距 IC　C. QFN 器件　D. BGA

53. 在 3DSPI 设备中，起到主要检测功能的模块是（　　）。
A. 设备主体模块　B. 3D 头部模块　C. PCB 传送模块　D. 电箱模块

54. 在 3DSPI 设备的主测试软件打开后，需要操作的第一项工作是（　　）。
A. 读取程式　B. 开始测试　C. 设备归零　D. 调整 Mark

55. 电磁阀是用来控制（　　）的自动化基础元件。
A. 液体　B. 气体　C. 胶体　D. 以上皆是

56. 电磁阀用在工业控制系统中调整介质的（　　）。
A. 方向　B. 流量　C. 速度　D. 以上皆是

57. 拉伸弹簧在 RT-1S 系列贴片机中是承受（　　）的螺旋弹簧。
A. 轴向拉力　B. 径向拉力　C. 向心力　D. 离心力

58. 拉伸弹簧在 RT-1S 系列贴片机中起的作用是（　　）。
A. 防止花键杆向上运行　B. 防止花键杆往下掉
C. 缓冲花键杆力度　D. 防止花键杆向下运行

59. 在 RT-1S 系列贴片机的头部模块中，哪一个零件是必须具备的？（　　）
A. 急停开关　B. 电磁阀　C. 三色灯　D. 油水分离器

60. 不属于拉簧特性的是（　　）。
A. 一般都用圆截面材料制造
B. 圈与圈之间一般都是并紧的没有间隙
C. 在拉开后会试图拉回在一起，造成对抗力
D. 在不承重时，拉簧的圈之间是松弛的

61. 评估 SMT 贴片机主要指标是什么？（　　）
A. 贴装适应性　B. 贴装精度　C. 贴装速度　D. 以上皆是

62. 滚珠丝杆的主要功能是（　　）。
A. 将旋转运动转换为线性运动　B. 将线性运动转换旋转运动
C. 将圆形运动转换为直线运动　D. 将直线运动转换为圆形运动

63. 以下不属于滚珠丝杆优点的是（　　）。
A. 高精度　B. 可逆性　C. 零背隙　D. 负载大

64. 以下哪一种材料不属于同步带采用的？（　　）

A. 钢丝　　B. 玻璃纤维　　C. 聚氨酯　　D. 聚苯乙烯

65. 在以下对同步带特点的描述中，那一项是不正确的？（　　）

A. 传动平稳，具有缓冲、减振能力，噪声低

B. 传递精准，工作时无滑动，具有恒定的传动比

C. 维护保养麻烦，需要润滑，维护费用高

D. 可用于长距离传动，中心距可达 10 m 以上

66. 以下哪一项物料不可以使用贴片机进行贴片？（　　）

A. 贴片电容　　B. 贴片电阻　　C. 贴片电感　　D. 插件电阻

67. IC 需要烘烤，而没有烘烤会造成（　　）。

A. 连锡　　B. 损伤　　C. 多件　　D. 引脚变形

68. 焊膏一般回温时间为（　　）。

A. 0.05～1 小时　　B. 1～2 小时　　C. 2～3 小时　　D. 4～8 小时

69. 手工搅拌焊膏的时间一般为（　　）左右。

A. 1 分钟　　B. 2 分钟　　C. 5 分钟　　D. 10 分钟

70. 印刷时钢网上焊膏的高度必须在（　　）之间。

A. 3～5 mm　　B. 5～10 mm　　C. 10～20 mm　　D. 20～30 mm

71. 焊膏印刷时，刮刀的开始位置要离网孔部有足够的距离，以便让焊膏充分滚动。一般焊膏在网板上滚动（　　）转，再进行印刷为宜。

A. 1　　B. 3　　C. 5　　D. 10

72. 焊膏成分中焊料颗粒与助焊剂的重量比和体积比分别为（　　）。

A. 1∶9，1∶1　　B. 9∶1，1∶1　　C. 1∶9，2∶1　　D. 1∶9，1∶2

73. 以下哪一项不属于印刷机根据输入传送模式分类？（　　）

A. 单向进出　　B. 双向进出

C. 双轨道双向进出　　D. 弯曲进出

74. 以下哪一项不属于焊膏印刷机的新型刮刀头？（　　）

A. ProFlow 式　　B. RheoPump 式

C. 点膏头喷印式　　D. 针印膏式

75. 全自动印刷机的对中 CCD 摄像头有几个，可观测几个方向？（　　）

A. 1，1　　B. 1，2　　C. 2，2　　D. 2，4

76. 以下哪一项不是印刷机刮刀头驱动牵引的机械装置？（　　）

A. 滑动导轨　　B. 滚珠丝杆　　C. 同步齿形带　　D. 涡轮蜗杆传动

77. 以下哪一项不属于印刷机的定位夹紧装置？（　　）

A. 边定位夹紧　　B. 孔定位夹紧

C. 真空吸附定位夹紧　　D. 角定位夹紧

78. 印刷好的印制板必须在（　　）小时内贴片。

A. 1.5　　B. 1　　C. 2　　D. 2.5

79. 一次印刷不合格的 PCB 板需要在印刷后（　　）分钟内清洗干净。

A. 25　　B. 30　　C. 40　　D. 60

80. 为将 PCB 和钢网对准，摄像头自动寻找模板和 PCB 上的定位标记（Mark），通过 Mark 点的位置对准实现模板与基板的精确定位。这是印刷机上（　　）的功能。

A. 基板夹持机构　　B. PCB 定位系统
C. 视觉系统　　D. 模板固定装置

81. 以下哪一项不会影响焊膏印刷的定位工序？（　　）

A. 基准点位置　　B. PCB 与钢网水平
C. 照相定位准确　　D. 过孔时间

82. 焊膏在焊接过程中起的作用是（　　）。

A. 只起固定作用　　B. 只导电
C. 既不导电也不能固定　　D. 导电且固定

83. 焊膏印刷用钢网常见的制作方法为（　　）。

A. 蚀刻　　B. 激光　　C. 电铸　　D. 以上都是

工作领域三　基板焊接

1. 评估再流焊炉性能优劣的最重要指标是什么？（　　）

A. 温度控制精度　　B. 温度不均匀性
C. 加热温区数　　D. 温度曲线重复性

2. 以下哪一项不属于再流焊炉的空气流通结构？（　　）

A. 垂直气流　　B. 大循环
C. 小循环　　D. 空间气流

3. 以下哪一项不属于传动系统的设备参数？（　　）

A. 可焊接 PCB 规格　　B. 传送速度
C. 传送带平稳度　　D. 传送方式

4. 普通 SMT 产品再流焊的预热区升温速度要求是？（　　）

A. <1 ℃/s　　B. <5 ℃/s　　C. >2 ℃/s　　D. <3 ℃/s

5. 标准焊接时间是（　　）。

A. 3 s　　B. 4 s　　C. 6 s　　D. 2 s 以内

6. 再流焊中焊接时焊接峰值温度持续时间不应超过（　　）。

A. 20 s　　B. 30 s　　C. 40 s　　D. 50 s

7. 以下可以用来进行局部焊接的再流焊方式是（　　）。

A. 热传导再流焊　　B. 气相再流焊　　C. 红外再流焊　　D. 激光再流焊

8. 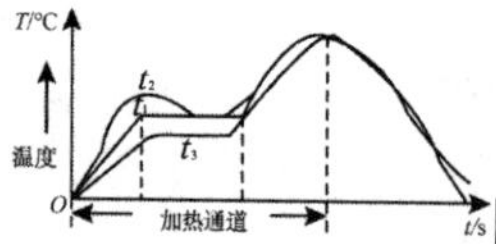 图示 t_1 为再流焊理想温度曲线，t_2 和 t_3 为不良温度曲线，其不良原因是（　　）温度设置不良。

A. 预热区　　B. 保温区　　C. 焊接区　　D. 冷却区

9. 过炉前给待焊接的 PCB 板安装夹持的治具的作用是（　　）。

A. 限制板受热变形的程度　　B. 防止基板掉落
C. 防止元件掉落　　D. 限制基板的移动速度

10. 蒸发焊膏中的部分水分与溶剂、元件缓慢升温，降低热冲击。属于再流焊中（　　）的作用。

A. 预热区　　B. 保温区　　C. 焊接区　　D. 冷却区

11. 使整个 PCB 板达到均衡温度，减少焊接区热冲击；激发活性剂的活性，并去除焊接表面的氧化物。属于再流焊中（　　）的作用。

A. 预热区　　B. 保温区　　C. 焊接区　　D. 冷却区

12. 熔化焊膏，焊膏沿元器件焊端或引脚爬升，实现元件与焊盘的结合。属于再流焊中（　　）的作用。

A. 预热区　　B. 保温区　　C. 焊接区　　D. 冷却区

13. 选择性波峰焊需要使用（　　）浓度的氮气。

A. 99.9%或以上　　B. 99.99%或以上

C. 99.999%或以上　　D. 99.9999%或以上

14. IPC 中要求 2 级产品引线超出焊盘表面长度最大为（　　）。

A. 1 mm　　B. 1.5 mm　　C. 2.5 mm　　D. 3 mm

15. IPC 中通孔填充率目标条件要求的比例是（　　）。

A. 75%　　B. 50%　　C. 100%　　D. 25%

16. 焊点可接受的润湿角不应超过（　　）。

A. 30°　　B. 50°　　C. 120°　　D. 90°

17. 以下哪一项不属于再流焊焊接经过的阶段？（　　）

A. Preheating　　B. Soaking　　C. Cooling　　D. Packaging

18. 焊接时向上的作用力是（　　）。

A. 焊料重力　　B. 喷嘴润湿力

C. 引线与母材的润湿力　　D. 器件重力

19. 选择性波峰焊的波峰稳定状态下最高可达到（　　）。

A. 0.5 mm　　B. 5 mm　　C. 10 mm　　D. 15 mm

20. 需要润湿角较小时，最优工艺是（　　）。

A. Z 轴直接下行　　B. 直线拖焊

C. "焊点瘦身"功能　　D. "焊点饱满"功能

21. 热压焊热压模组的焊头微调机构，哪一个调节功能是必须具备的？（　　）

A. 左右方向调节　　B. 平面角度调节

C. 旋转角度调节　　D. 前后方向调节

22. 不属于通孔阻塞所导致的焊接不良现象是（　　）。

A. 通孔填充少　　B. 气泡　　C. 不润湿　　D. 少锡

23. 不属于能够帮助焊点快速升温的措施是（　　）。

A. 降低加热控制器功率　　B. 增大受热面积

C. 预热　　D. 提高焊接温度

24. 当被焊产品有焊点高度要求或工件不能浮高时，应选用哪种焊接设备？（　　）

A. 自动焊接机　　B. 热压焊　　C. 锡丝定量熔滴焊　　D. 选择性波峰焊

25. 自动焊接的流程是什么？请选择正确的排序（　　）。

①选择合适的烙铁头；②选择合适的焊接角度和送锡方式；③调整参数，试焊接产品；④了解样品的材质；⑤批量焊接，优化焊接

A. ①②③④⑤　　B. ②③①④⑤　　C. ③①④②⑤　　D. ④①②③⑤

26. 焊接工具—智能控温焊台应具备（　　）性能。

A. 外壳接地　　B. 闭环控温　　C. 烙铁头粗壮　　D. 功率大

27. 人机交互界面主要功能是（　　）。

A. 实现示教　　B. 焊接程序编辑　　C. 焊接参数编辑　　D. 以上所有

28. 某司示教盒与设备通过哪种通信方式？（　　）

A. RS-232　　B. RS-422　　C. RS-485　　D. 以上所有

29. 焊接时热量不足时，会出现什么不良？（　　）

A. 虚焊　　B. 露铜　　C. 拉尖　　D. 以上所有

30. 热压焊焊接有哪个别称？（　　）

A. 哈巴焊　　B. 烙铁焊　　C. 激光焊　　D. 微风焊

31. 下列哪种不良现象不属于热压焊焊接的不良？（　　）

A. 连锡　　B. 虚焊　　C. 焊点拉尖　　D. 锡珠

32. 热压焊设置焊接参数时，设置焊接压力需（　　）焊接坐标位置焊头压力。

A. 大于　　B. 等于　　C. 小于　　D. 以上都不对

33. 热压焊加热控制器最多可设置几段温度？（　　）

A. 一段温度　　B. 二段温度　　C. 三段温度　　D. 四段温度

34. 在再流焊生产中，焊后产品发黄，通常是设备的什么问题？（　　）

A. 传送太慢了　　B. 风速过大　　C. 风速过小　　D. 抽风系统出问题

35. 目前热电偶温度采集频率最高能达到（　　）一次。

A. 1 ms　　B. 10 ms　　C. 100 ms　　D. 1 000 ms

36. 焊接结束后要使焊头停到指定位置，需要设置哪个参数？（　　）

A. 起点　　B. 终点　　C. 结束点　　D. 原点

37. 热压焊机头微调机构中哪一项是必不可少的？（　　）

A. X 方向　　B. Y 方向　　C. R 方向　　D. 平面角度

38. 热压焊校正机头压力需用到示教盒里的料头校正，此选项在系统配置中为（　　）。

A. 系统配置 1　　B. 系统配置 2　　C. 系统配置 3　　D. 系统配置 4

39. 固定热压头电极块一般需哪种工艺处理？（　　）

A. 镀锡　　B. 镀金　　C. 镀铬　　D. 镀银

40. 如果需要查询运动板卡 9075 版本日期，需要在哪里查询？（　　）

A. 文件加工　　B. 示教程序　　C. 功能测试　　D. 系统信息

41. 点检时发现焊头显示温度与仪器测试温度相差多少一般不需要重新校准？（　　）

A. 2 ℃　　B. 5 ℃　　C. 10 ℃　　D. 20 ℃

42. 常用脉冲热压焊接设备 QUICKET9H393，有几个运动轴？（　　）

A. 2 个　　B. 3 个　　C. 4 个　　D. 5 个

43. 常用 PI 膜厚度为（　　）。

A. 0.25 mm　B. 0.025 mm　C. 0.15 mm　D. 0.015 mm

44. 自动焊接烙铁头主要由无氧铜、镀铁层、镀铬层、（　　）构成。

A. 镀锡层　B. 镀银层　C. 镀镍层　D. 镀金层

45. 烙铁头镀铁层的作用是（　　）。

A. 防止铜高温氧化或腐蚀　B. 防止烙铁头爬锡

C. 上锡面化锡　D. 导热

46. 烙铁头内部主要成分为铜，原因是（　　）。

A. 材质软，易加工　B. 导热性高

C. 价格便宜　D. 易上锡

47. 焊料与母材的原子互相渗透形成的合金层，简称（　　）。

A. IMC　B. IMD　C. IMA　D. IMB

48. 焊接时间越长，被焊接元器件的温度越高，合金层（　　）。

A. 变厚　B. 变薄　C. 不变　D. 断裂

49. 烙铁头哪个镀层是防止爬锡？（　　）

A. 镀铁层　B. 镀铬层　C. 镀锡层　D. 无氧铜

50. 锡丝成分中“Sn”表示（　　）。

A. 锡　B. 银　C. 铜　D. 铁

51. 选择性波峰焊标准锡锅最高温度是（　　）。

A. 300 ℃　B. 320 ℃　C. 350 ℃　D. 400 ℃

52. 助焊剂喷涂宽度最小为（　　）。

A. 1 mm　B. 2 mm　C. 3 mm　D. 5 mm

53. 焊接时元器件引脚最佳伸出长度为（　　）。

A. 1 mm　B. 1.5 mm　C. 2 mm　D. 3 mm

54. 选择性波峰焊每小时氮气量是多少？（　　）

A. 1～1.5 m^3　B. 0.5～1 m^3

C. 3～5 m^3　D. 8～10 m^3

55. 要保证高的直通率必须从哪方面着手？（　　）

A. 设计　B. 物料　C. 工艺　D. 标准

56. 选择性波峰焊采用的有铅焊锡棒，锡和铅的比例为（　　）。

A. 63%、37%　B. 37%、63%　C. 36%、64%　D. 64%、36%

57. 63/37 有铅锡的熔点是（　　）。

A. 227℃　B. 183 ℃　C. 217 ℃　D. 223 ℃

58. 以下哪个是选择性波峰焊可能产生的不良？（　　）

A. 少锡　B. 偏移　C. 飞件　D. 翻件

59. 选择性波峰焊载具通常是什么材质做的？（　　）

A. 有机玻璃　B. 合成石　C. 铁镍合金　D. 钛

60. ISO 是指（　　）。

A. 国内标准化组织　B. 国际化标准组织

C. 一家国际公司　D. 一家国内公司

61. 哪个不是导致虚焊的原因？（　　）

A. 锡炉温度低　B. 助焊剂质量差　C. 焊接时间过长　D. 焊接时间不足

62. 预热工位红外加热有（　　）根加热管。

A. 6　B. 8　C. 10　D. 12

63. 焊接工位锡锅的材质是（　　）。

A. 钢　B. 铁

C. 特种耐高温耐腐蚀金属　D. 铜

64. 一般设定热风马达频率是（　　）。

A. 20 Hz　B. 30 Hz　C. 40 Hz　D. 50 Hz

65. 标准再流焊热风温度的控制精度是（　　）。

A. ±1℃　B. ±2℃　C. ±3℃　D. ±4℃

66. 氮气再流焊炉的氮气气压需要（　　）。

A. 0.3 MPa　B. 0.3～0.7 MPa　C. 0.3 MPa 以上　D. 0.7 MPa 以上

67. 再流焊轨道上，PCBA 之间的间距一般不应低于多少？（　　）

A. 不间隔　B. 10 mm　C. 50 mm　D. 100 mm

68. 炉前发现不良，下面哪个处理方法正确？（　　）

A. 把不良品修正，然后过炉

B. 当没看见

C. 做好标记过炉

D. 先反馈给相关人员，再修正，然后做好标记过炉

69. 在使用再流焊设备的过程中，当设备出现异常时，通常最恰当的首要处理方式是（　　）。

A. 关机　B. 处理异常　C. 按下紧急开关　D. 以上都不是

70. 再流焊在焊大热容量器件时，风机的频率该如何设置？（　　）

A. 风机频率设成低 Hz

B. 风机频率设成高 Hz，只要不吹掉元件就行

C. 跟风机设置的频率没关系

D. 以上都不是

71. 再流焊的 UPS 作用是（　　）。

A. 断电后保证产品能顺利传送输出

B. 保证设备能正常工作

C. 断电了也没关系，有 UPS 供电也能正常生产

D. 以上都是

72. 再流焊测试出来的温度曲线显示保温时间不够，应对设备如何调整？（　　）

A. 提升预热区温度　B. 提升保温区的温度

C. 降低传送速度　D. 提高传送的速度

73. 再流焊预热区升温斜率过高如何调整？（　　）

A. 降低传送速度　B. 将升温区的温度加高

C. 将升温区的温度降低　D. 以上都要调整

74. 通常热风再流焊可以焊接哪一类的元件。(　　)

A. THT　　B. SMD

C. THT 和 SMD 混装都可以　　D. THT 和 SMD 混装都不可以

75. 空气再流焊炉的冷却系统一般采用哪种方式，氮气再流焊炉一般采用哪种方式？(　　)

A. 风冷，风冷　　B. 水冷，水冷　　C. 风冷，水冷　　D. 水冷，风冷

工作领域四 基板检修

1. 客户检测要求选用芯片大小为 6.6 mm 海康工业相机，相机到产品的距离是 250 mm，产品大小约为 100～150 mm，请问选择多少 mm 镜头？(　　)

A. 12　　B. 25　　C. 35　　D. 50

2. AOI 测试系统中有一重要的名词 FOV，下列说法正确的是(　　)。

A. 一个检测程序只能有一个 FOV　　B. FOV 是指相机拍取的大图

C. 一个 FOV 可以有多种光源　　D. 一个检测程序可以有一个或多个 FOV

3. 片式电阻检测时不用下列哪种检测框？(　　)

A. Missing　　B. Void　　C. Pin　　D. Colorwindow

4. 在线式 3DSPI 主要检测原理是(　　)。

A. 白光干涉相位　　B. 红光干涉相位

C. 白光光栅相位　　D. 红光衍射相位

5. 以下哪种计算方法不是 AOI 图像处理的计算方法？(　　)

A. 黑/白　　B. 合成　　C. 求平均　　D. 求乘积

6. 以下步骤哪个能表达机器视觉的识别过程？(　　)

①学习，②辨别，③编程，④分析反馈，⑤调整，⑥认识，⑦检测。

A. ⑦①②③⑤⑥④　　B. ①③⑥②④⑤⑦

C. ①⑥③②⑤④⑦　　D. ⑦①③②⑥⑤④

7. BGA 返修设备的底部预热在整个返修流程中的作用不包含(　　)。

A. 对 PCB 进行温度补偿

B. 减小 PCB 上表面和下表面之间的垂直温差

C. 使 PCB 上焊料达到熔化温度实现整体再流焊接。

D. 减小 PCB 整板和所需返修区域的温差

8. AOI 成像遵循镜面反射原理，光滑的平面呈现红色，斜率比较小的面呈现绿色，斜率比较大的面呈现(　　)。

A. 蓝色　　B. 绿色　　C. 红色　　D. 绿色

9. BGA 返修后测试焊接品质的方法不包括(　　)。

A. AOI 检测　　B. X-RAY 拍照　　C. 红墨水实验　　D. 上电测试

10. 图示焊接缺陷属于(　　)。

A. 锡珠　　B. 桥连　　C. 芯吸　　D. 立碑

11. 图示焊接缺陷属于（　　）。

A. 锡珠　B. 桥连　C. 芯吸　D. 立碑

12. 图示焊接缺陷属于（　　）。

A. 锡珠　B. 桥连　C. 芯吸　D. 立碑

13. 图题 13 中的器件是（　　）封装。

A. PLCC　B. BGA

C. QFP　D. SOP

题 13

14. 图题 14 中的器件是（　　）封装。

A. PLCC　B. QFN

C. SOP　D. BGA

题 14

15. 图题 15 焊点的透锡率是（　　）。

A. 50%　B. 75%

C. 100%　D. 120%

题 15

16. 使用烘箱对 PCB 进行烘干处理时，所需温度和时间为（　　）。

A. 70 ℃和 24 h　B. 170 ℃和 15 h

C. 200 ℃和 10 h　D. 30 ℃和 50 h

17. BGA 返修时，PCB 爆板的原因不包含以下哪点？（　　）

A. PCB 湿度过高　B. 返修时加热温度过高

C. PCB 品质不良　D. 返修时返修流程中断

18. BGA 焊接不良的原因不包含以下哪种？（　　）

A. PCB 变形　B. 焊接温度过低

C. PCB 焊盘氧化　D. 焊接辅料选用助焊膏，没有选用印刷焊膏

19. BGA 返修时，PCB 变形会引起哪种焊接不良现象？（　　）

A. BGA 器件短路或虚焊　B. BGA 器件冷焊和锡裂

C. BGA 器件损坏　D. BGA 器件焊盘掉落

20. 常规的 BGA 焊接温区曲线升温斜率不能超过（　　）。

A. 3 ℃/s　B. 5 ℃/s　C. 2 ℃/s　D. 6 ℃/s

21. BGA 返修设备的底部预热在整个返修流程中的重大错误为（　　）。

A. 对 PCB 进行温度补偿

B. 减小 PCB 上表面和下表面之间的垂直温差

C. 使 PCB 上焊料达到熔化温度实现整体再流焊接

D. 减小 PCB 整板和所需返修区域的温差

22. 常规无铅制程的 BGA 器件和 PCB，一般耐温不超过（　　）。

A. 260 ℃　B. 270 ℃　C. 280 ℃　D. 290 ℃

23. 以下哪个器件不属于 BGA 器件？（　　）

A.  B.  C.  D.

24. 在返修一批板上的 BGA 器件时，如果 PCB 起泡，（　　）方式无改善效果。

A. 降低再流焊温度的最高温度值，让再流焊温度的最高值在炉温设定范围的下限

B. 把剩余 PCB 放入烘箱进行低温长时间烘烤

C. 用风枪把 PCB 加热一下

D. 改善 PCB 的存储环境，并保证车间或实验室内恒温恒湿

25. 以下哪一项部件是 SPI 最核心的结构部件？（　　）

A. 高清摄像头　B. 机身　C. 线性模组　D. 显示器

26. 以下哪一项不属于常见的返修标准？（　　）

A. QJ2940　B. IPC-7711　C. ISO-9001　D. IPC-7721

27. 虚焊对线路板使用有什么影响？（　　）

A. 不能正常工作　B. 焊料浪费　C. 机械强度不足　D. 外观不佳

28. 拉尖对线路板使用有什么影响？（　　）

A. 不能正常工作　B. 焊料浪费　C. 机械强度不足　D. 容易桥接

29. 焊料过少会对线路板产生什么影响？（　　）

A. 不能正常工作　B. 焊料浪费　C. 机械强度不足　D. 容易桥接

30. 根据作业指导书或样板的要求，应焊而没有焊接的元件叫（　　）。

A. 焊反　B. 漏焊　C. 错焊　D. 补焊

31. SMT 炉后出现位号 U10 位置反向 180°，请问此不良类型问题点出现的工序是（　　）。

A. 贴片机　B. 再流焊　C. 印刷机　D. 镭雕机

32. 对于 BGA 元器件下列哪种不良不能用 AOI 检测出来？（　　）

A. 极性相反　B. 错件　C. 连锡　D. 翻件

33. 下列图片哪种为 AOI 常用的伺服电机？（　　）

A.  B.  C.  D.

34. AOI 用的远心镜头有（　　）优势。

A. 好看　B. 便宜　C. 安装方便　D. 消除畸变

35. AOI 设备主要硬件构成不包含下列哪一项？（　　）

A. 镜头　B. 电脑　C. 数字相机　D. 24V 电源

36. 以下（　　）图片光源为 AOI 常见光源。

A.  B.  C.  D.

37. 常见 AOI 三色光源颜色组合是下列哪一种？（　　）

A. 红色、黄色、橙色　　B. 红色、黄色、绿色

C. 红色、黄色、蓝色　　D. 红色、绿色、蓝色

38. 常见 SMT 流水线上 AOI 的轨道安装高度是（　　）。

A.（700 ± 20）m　　B.（500 ± 20）mm

C.（900 ± 20）cm　　D.（900 ± 20）mm

39. AOI 设备主要硬件构成不包含下列哪一项？（　　）

A. 镜头　　B. 温度控制器　　C. 数字相机　　D. 光源

40. 常见的 AOI 运动机构系统电机是（　　）。

A.步进电机　　B. 线性电机　　C. 伺服电机　　D. 以上皆是

工作领域五　基板装联

1. 点胶控制器中电磁阀的开关响应哪个更精确？（　　）

A. 十分之一秒　　B. 百分之一秒　　C. 千分之一秒　　D. 以上都不可以

2. 以下哪种阀可以用于厌氧胶、瞬间胶、螺丝胶的工艺运用？（　　）

A. 大流体柱塞阀　　B. 螺杆阀　　C. 喷射阀　　D. 隔膜阀

3. 在自动点胶工艺中，非接触式喷射点胶，为保证胶点不散点，距离点胶面距离应控制在（　　）。

A. 10 mm　　B. 2～5 mm　　C. 5 mm 以内　　D. 以上都可以

4. 点胶简易法则中，哪一项不正确？（　　）

A. 小胶点——小针头，低压力，短的时间间隔

B. 大胶点——大针头，高压力，长的时间间隔

C. 黏稠流体——斜式针头，高压力，足够的时间

D. 水性流体——小针头，低压力，短的时间

5. 在自动点胶工艺中，针头距离点胶工件表面的高度一般为（　　）。

A. 2 倍　　B. 0.5～2 倍　　C. 0.3～1 倍　　D. 以上都可以

6. PCB 补强点硅胶应用，如果是 3D 点胶时采用哪种机型比较适合？（　　）

A. 三轴　　B. 四轴　　C. 五轴　　D. 六轴

7. 以下哪一项不可以使用点胶机进行点胶？（　　）

A. FC、CSP 充填　　B. COB 固定　　C. 元件返修　　D. 测试点固定

8. 锁螺丝过程中判断浮锁除了靠角度限制和时间限制外，还可以用激光传感器和位移传感器检测，螺丝机用的 Novotechnik 位移传感器，原理和（　　）类似。

A. 接触器　　B. 滑动变阻器　　C. 变压器　　D. 继电器

9. 使用公司 ECS63C 扭矩测试仪校准扭矩时，最终显示的数值是什么模式下的力矩？（　　）

A. 平均值　　B. 实时值　　C. 峰值　　D. 差值

10. 螺丝最优的防松策略（　　）。

A. 增大螺帽直径　　B. 增大螺纹直径

C. 加弹垫　　D. 使用带有螺纹胶的螺丝

11. 压接行程是指连接器从预装到 PCB 上到压入 PCB 孔内在（　　）方向上的距离。

A. X　　B. Y　　C. 45°　　D. Z

12. 采用针筒点胶时，一般胶水不宜超过针筒的（　　），以免影响点胶的稳定性。

A. 2/3　　B. 1/3　　C. 3/5　　D. 1/4

13. UV 胶储藏后，在生产开始前，需要提前（　　）回温后方可使用。

A. 1 小时　　B. 2 小时　　C. 30 小时　　D. 3 小时以上

14. 对于温度触变系数敏感的胶水，一般点胶的环境要求在（　　）。

A. 20～30 ℃　　B. 25～30 ℃　　C. 21～24 ℃　　D. 常温下

15. DC7091 胶水的固化方式是（　　）。

A. 加热固化　　B. 湿气固化　　C. UV 固化　　D. 厌氧固化

16. 螺纹紧固胶属于（　　）类胶水。

A. 厌氧胶　　B. UV 胶　　C. 硅胶　　D. 环氧胶

17. 点胶量的大小和以下哪个因素不相关？（　　）

A. 针头的内径　　B. 供胶的压力　　C. 胶水的黏度　　D. 使用的平台

18. 为了提高锁付效率和锁付品质，以下不是拧紧策略的是（　　）。

A. 热铆　　B. 认帽入牙　　C. 角度步骤　　D. 扭矩步骤

19. 气吸式供料机如果导轨送料效率低，应该调以下哪个参数？（　　）

A. 振动幅度　　B. 振动时间　　C. 滚筒上料时间　　D. 计数模式

20. 螺丝为铁质十字螺丝，和 PH2 批头匹配吻合，产品要求深孔锁付，孔直径为 5.6 mm，螺丝帽直径是 5.4 mm，以下采用哪种锁付方式较为合理？（　　）

A. 气吸　　B. 气吹　　C. 气吹吸　　D. 磁吸

21. 在塑料产品锁付过程中，经常会出现浮锁和滑牙，采用哪种拧紧策略比较可靠？（　　）

A. 目标角度　　B. 目标扭矩　　C. 贴合点　　D. 屈服点

22. 在气吹送料过程中，出现螺丝送料吹送不到螺丝夹嘴的情况，应该调节哪个参数？（　　）

A. 吹气时间　　B. 吹气压力　　C. 管道直径　　D. 振动幅度

23. 以下哪一项属于点胶的主要工艺参数？（　　）

A. 元件尺寸　　B. 润湿温度

C. 贴片压力　　D. 针头与 PCB 板间的距离

24. 影响点涂胶量精度的原因不包括哪项？（　　）

A. 针头　　B. 温度　　C. 治具　　D. 气压

25. 针筒点胶时有溢胶现象，不可能与哪种状况有关？（　　）

A. 回吸未开　　B. 针筒太大　　C. 胶水内有气泡　　D. 针头内有气泡

（三）多项选择题

工作领域一　装联准备

1. 我国的职业健康安全法规包括（　　）。

A. 综合类和职业健康类

B. 检测检验类和职业安全类

C. 女工和未成年工保护类和劳动防护用品类

D. 以上都不是

2. 以下哪些是常见的绝缘材料？（　　）

A. 尼龙　B. 木头　C. 硬橡胶　D. 陶瓷

3. 元器件需要从（　　）过程中进行静电防护。

A. 组装　B. 运输　C. 使用　D. 存储

4. 对 SMT 生产环境的基本要求有（　　）。

A. 工作间保持清洁卫生，无尘土，无腐蚀性气体

B. 温度以（23 ± 2）℃为最佳，一般为 18～28 ℃

C. 相对湿度应该控制在 45%～70%范围以内

D. 环境噪音应控制在 70 dB 以内

5. 静电具有以下哪个特点？（　　）

A. 高电位、小电量　B. 低电位、大电量

C. 泄漏与放电时间短　D. 受湿度影响较大

6. 电子产品静电损害的特点有（　　）。

A. 隐蔽性　B. 失效后分析的复杂性

C. 损伤具有潜在性　D. 损伤的随机性

7. 在实验设计中，要使统计量（样本指标）代表参数（总体指标），除用随机抽样方法缩小误差外，重复实验是保证实验结果可靠的另一基本方法，以下哪些不是实验设计的另一基本原则？（　　）

A. 对照性原则　B. 随机化原则　C. 重复性原则　D. 典型性原则

8. 异步串行通信接口有（　　）。

A. RS-232　B. RS-485　C. RS-422　D. RS-486

9. 常用的电气保护器件可提供的保护是（　　）。

A. 短路保护　B. 过载保护

C. 零压或严重过（欠）压保护　D. 过电流保护

10. 印刷后，焊盘上的焊膏明显偏少，严重时候出现焊盘裸露的情况，产生这个的缺陷的主要原因有（　　）。

A. 钢网开孔过小　B. 印刷机擦拭系统异常

C. 印刷参数设置不合适　D. 焊膏黏度过大

11. 面阵列端子器件（如 FBGA、CSP）比周边端子器件（如 QFP、TSOP）在 PCBA 基板上的安装优势有（　　）。

A. 高的安装密度　　B. 高的安装合格率

C. 高的电气特性　　D. 高的散热性

12. 下列哪些属于静电消除的方法？（　　）

A. 使用抗静电材料降低摩擦速度　　B. 导通

C. 中和　　D. 接地

13. 取放集成电路时（　　）。

A. 操作者需佩戴防静电手腕带或防静电手套

B. 采用真空吸笔取放贴片集成电路

C. 插装集成电路可以任意用手抓取

D. 焊接插装集成电路时，工作台上可以用防静电料盒存放

14. 防静电用具一般不能采用下列哪些材料制作？（　　）

A. 金属　　B. 半导体　　C. 绝缘材料　　D. 塑料

15. 静电对电子产品损害的形式是（　　）。

A. 缩短寿命　　B. 完全破坏　　C. 潜在损伤　　D. 电磁干扰

16. 静电由于接触的程度或（　　）不同而电荷量不同。

A. 表面的均匀度　　B. 接触压力

C. 摩擦力　　D. 分离速度

工作领域二　基板贴装

1. 贴片机编程优化主要任务是（　　）。

A. 送料器设计优化　　B. 吸取贴片顺序优化

C. 贴片点数及时间平衡化　　D. 减少贴片偏移

2. 以下哪些步骤能提高机器的贴片速度？（　　）

A. 吸嘴在吸料时同步　　B. 吸嘴合理配

C. 用量多的或吸嘴型号一样的放在一起　　D. 元件单独在吸取和贴片时的速度加快

3. 以下哪些可能是在电子产品生产过程中产生缺陷的常见原因？（　　）

A. 制程能力不良　　B. 制程执行不完善

C. 材料缺陷　　D. 可制造性设计存在问题

4. 贴片机的三个主要技术参数分别是什么，通常描述贴片机三个主要技术参数时还必须结合什么作表征值？（　　）

A. 贴片精度/置信度　　B. 适应性/置信度

C. 贴片速度/置信度　　D. 贴片速度/可靠度

5. 我们对贴片机的要求有（　　）。

A. 确定的元器件供料位置

B. 合适的元器件拾取和释放方式

C. 精确的元器件在 PCB 指定位置的定位

D. 可靠的元器件在 PCB 指定位置处的粘接和固定

6. 贴片机的精度是指（ ）。
A. 定位精度 B. 分辨率 C. 拾取精度 D. 重复精度
7. 贴片机的速度可用以下哪些参数进行描述？（ ）
A. 贴装周期 B. 贴装率 C. 实际贴片速度 D. 循环周期率
8. 以下属于贴装工艺要求的是（ ）。
A. 元器件的类型、型号等要符合要求
B. 贴装好的元器件完好无损
C. 元器件的焊端或者引脚至少 1/2 浸入焊膏
D. 元器件引脚锡量合适
9. 保证贴装质量的要素有（ ）。
A. 元件正确 B. 位置准确 C. 压力合适 D. 速度合适
10. 高速机可贴装哪些零件？（ ）
A. 电阻 B. 电容 C. 少引脚 IC D. 晶体管
11. 下面哪些不良可能发生在贴片段？（ ）
A. 侧立 B. 少锡 C. 粘连 D. 多件
12. 以下哪些属于贴片机贴装头不能拾取元件的故障原因？（ ）
A. 吸嘴磨损老化 B. 吸嘴内有污染物堵塞
C. 元器件表面平整度低 D. PCB 传送皮带松
13. 以下哪些属于贴片机贴装掉件的故障原因？（ ）
A. 吸取阈值设置错误 B. 振动供料器滑道变形
C. 编带供料器卷带太紧 D. 吸嘴，元件或供料器选择不正确
14. 以下哪些属于贴片机贴装位置偏离坐标位置的故障原因？（ ）
A. 贴片程序错误 B. 元器件厚度设置错误
C. 贴装头高度太高 D. 贴装速度太慢
15. 贴片机的主要功能可归纳为拾放元器件，其基本结构为（ ）。
A. 机架 B. 贴装头
C. 光学对中系统 D. 强制对流系统
16. 以下哪些供料器是贴片机的常见供料器中？（ ）
A. 散装供料器 B. 编带式供料器
C. 托盘供料器 D. 管式供料器
17. 以下哪些优化原则在贴片机编程过程中需要重点考虑？（ ）
A. 整线生产的均衡 B. 生产占用时间少
C. 人为干预优化比自动优化好 D. 尽量采用在线式编程
18. 以下哪些原因可能会导致贴片程序不能正常优化？（ ）
A. 元件的尺寸超出机器的极限
B. 元件供应数太多
C. 数据一致性检查有步骤还未完成
D. 程序中某个元件只有一个站位，而该站位被忽略

19. 以下哪些属于贴片机机械系统组成部分是（　　）。

A. 支撑系统　　B. PCB 传送系统

C. X/Y 伺服系统　　D. 传感器检测系统

20. 以下哪些结构属于主流贴片机的结构？（　　）

A. 拱架式结构　　B. 转塔式结构

C. 动臂与转盘的复合结构　　D. 模组型结构

21. 以下哪些传感器属于贴片机内的常用传感器？（　　）

A. 压力传感器　　B. 位置传感器

C. 图像传感器　　D. 区域传感器

22. 以下哪些属于机器视觉系统的组成部分？（　　）

A. 光源　　B. CCD 摄像镜头

C. 数模转换器　　D. 图像采集卡

23. 以下哪些贴装头可以安装多个吸嘴？（　　）

A. 固定式　　B. 转塔式

C. 转盘式　　D. 笛卡尔式

24. 以下哪些属于贴片机的适应性范畴？（　　）

A. PCB 的尺寸　　B. 贴片机的编程能力

C. 贴片机的可调整能力　　D. 贴片速度

25. 以下哪些是贴片机选型的重要参考参数？（　　）

A. PCB 处理能力　　B. 元器件适应范围

C. 供料器类型与数量　　D. 贴片要求

26. 印刷机的常规技术参数有（　　）。

A. 单板印刷周期　　B. 冷却速度

C. 元器件封装尺寸　　D. 清洗方式

27. 以下哪些属于贴片机不启动的故障原因？（　　）

A. 紧急停止开关处于关闭状态　　B. 气压不足

C. 电磁阀没有启动　　D. 互锁开关断开

28. 以下哪些是贴片机的保养周期？（　　）

A. 每天保养　　B. 每 3 天保养

C. 每 7 天保养　　D. 每 30 天保养

29. 以下哪些属于贴片机贴装位置偏离坐标位置的故障原因？（　　）

A. 贴片程序错误　　B. 元器件厚度设置错误

C. 贴装头高度太高　　D. 贴装速度太慢

30. 造成质量变异主要原因是（　　）。

A. 人员　　B. 机器

C. 材料　　D. 方法

31. 不良问题发生时，可透过(　　)加以改善。

A. 数据记录　　B. 方针管理　　C. 品管组织　　D. 品质分工

32. 贴片偏移缺陷产生的原因有哪些？（　　）

A. 贴片坐标不准确　　B. 物料影像设置不当

C. 吸嘴选取不当　　D. 吸嘴破损

33. 贴片时发生侧立、翻面缺陷的原因有哪些？（　　）

A. 料架进位震动过大　　B. 吸嘴选取不合适

C. 吸嘴破损　　D. 贴片压力过大

34. 不可在机器内部或周围放置下列哪些物品？（　　）

A. 洗板水　　B. 供料器　　C. 饮料　　D. 酒精

35. 评估 SMT 贴片机的主要技术指标是什么？（　　）

A. 贴装适应性　　B. 贴装精度　　C. 贴装速度　　D. 贴装稳定性

36. 贴片机按自动化程度可分为（　　）。

A. 手动　　B. 气动　　C. 半自动　　D. 全自动

37. 下面哪些不良是发生在贴片段？（　　）

A. 侧立　　B. 翻面　　C. 多件　　D. 少锡

38. 电磁阀是用来控制（　　）的自动化基础元件。

A. 液体　　B. 气体　　C. 胶体　　D. 固体

39. 电磁阀用在工业控制系统中调整介质的（　　）。

A. 方向　　B. 流量　　C. 速度　　D. 质量

40. 贴片机完成一个贴片动作的三个步骤分别为（　　）。

A. 传送物料　　B. 吸取物料　　C. 识别物料　　D. 物料贴片

41. 以下哪些缺陷可能是焊膏印刷拉尖对焊点焊接质量造成的影响？（　　）

A. 锡球　　B. 桥连　　C. 元件移位　　D. 立碑

42. 元件的定位方式有（　　）等方式。

A. 机械定位　　B. 视觉飞行校正定位

C. 传感器定位　　D. 人工定位

43. 贴片机在贴片工序出现的常见缺陷有哪些？（　　）

A. 贴片偏移　　B. 贴片少件　　C. 贴片侧立　　D. 贴片翻面

44. 表面贴装设备的基本特征有（　　）。

A. 技术能力强　　B. 可操作性好、工作稳定可靠

C. 产出高　　D. 柔性好

45. RT-1S 系列贴片机是贴装（　　）等物料的专用全自动多功能高速贴片机。

A. LED　　B. 电容　　C. 电阻　　D. IC

46. RT-1S 系列贴片机的主要特点有（　　）。

A. 采用视觉定位，工控电脑控制系统

B. 多项声光报警功能,并有报警原因提示，便于故障查找及处理

C. 可使用标准电动送料器，通用性强

D. 可根据 PCB 宽度自动调宽

47. 当印刷出来的 PCB 焊盘上焊膏厚度不足时，可能的原因有（　　）。

A. 模板上焊膏涂抹不均匀　　B. 制作模板的材料太薄

C. 刮刀压力不当　　D. PCB 焊盘镀层太厚

48. 在电子产品组装作业中，SMT 具有哪些特点？（　　）

A. 能节省空间 50%～70%

B. 大量节省元件及装配成本

C. 具有很多快速和自动生产能力

D. 减少零件贮存空间

49. SMT 的三大关键工序是（　　）。

A. 印刷　　B. 贴片　　C. 再流焊　　D. AOI

50. 下列哪些情况下操作人员应该按下急停按钮，保护现场后立即通知当班工程师或技术员处理？（　　）

A. 贴片机死机　　B. 传送模块突然卡电路板

C. 贴片机皮带异常脱落　　D. 机器运行正常

51. 如何有效控制 SMT 抛料及降低物料损耗，下列说法正确的是（　　）。

A. 落实供料器保养及维护，保证供料器正常

B. 每 2 小时检查一次，针对抛料超标站位及时有效分析及改善控制

C. 每日清洁吸嘴，防止吸嘴堵孔抛料

D. 培训作业员作业手法，正确接料及处理报警异常，确保吸取位置不偏移，减少物料浪费

52. 以下属于贴片工序涉及的关键参数是（　　）。

A. 物料高度　　B. 吸嘴型号　　C. 物料尺寸　　D. 物料尺寸公差

53. 当印刷出来的 PCB 上焊膏偏离焊盘时，可能的原因有（　　）。

A. 焊膏黏度太高　　B. PCB Mark 点不好

C. PCB 夹持不好　　D. 机器视觉系统出现故障

54. SPI 可以检测下列哪些数据？（　　）

A. 焊膏面积　　B. 焊膏体积　　C. 焊膏高度　　D. 焊膏日期

55. SPI 可以检测出下列哪些不良？（　　）

A. 印刷偏移　　B. 印刷桥连　　C. 印刷拉尖　　D. 少锡漏印

56. SPI 可以为生产工艺带来哪些收益？（　　）

A. 减少废弃成本　　B. 降低返修成本　　C. 提高产品品质　　D. 提升生产效率

57. 影响焊膏印刷质量的主要因素有（　　）。

A. 钢网质量　　B. 印刷工艺参数设置

C. 焊膏质量　　D. 贴片设备精度

58. 以下哪些属于焊膏成功印刷的主要关键点？（　　）

A. 焊膏滚动　　B. 焊膏填充充足　　C. 钢网质量　　D. 印刷机精度高

59. 钢网开孔的工艺方式有哪些？（　　）

A. 激光开孔　　B. 蚀刻开孔　　C. 电铸开孔　　D. 机械开孔

60. 当钢网满足如下哪些条件时，需进行报废处理。(　　)
   A. 任一点张力不满足：55 N/cm≥F≥30 N/cm
   B. 四角 4 个点的张力差不满足：ΔF<18 N/cm
   C. 钢片表面有轻微刮痕
   D. 钢片表面有破损
61. 使用 GERBER 文件编程时，可用于 SPI 检测的 GERBER 信息是(　　)。
   A. 印刷开孔　B. 网框线条　C. 定位 Mark　D. 钢网规格信息
62. SPI 设备的标准检测项目，有以下哪些？(　　)
   A. 面积　B. 体积　C. 高度　D. 位置
63. 以下哪些属于 3D SPI 设备视觉系统的组成部分？(　　)
   A. 光源　B. CCD 摄像镜头　C. 气压转换器　D. 3D 投影头
64. 评估 SPI 设备性能优劣的最重要指标是什么？(　　)
   A. 焊膏检测能力　B. 设备运行速度　C. 计算性能　D. 温度曲线重复性
65. 常用的 Mark 点的形状有哪些？(　　)
   A. 圆形　B. 椭圆形　C. "十"字形　D. 正方形
66. 焊膏印刷机的种类有(　　)。
   A. 手印钢板台　B. 半自动焊膏印刷机
   C. 全自动焊膏印刷机　D. 视觉印刷机
67. 3D SPI 设备的主体结构，包含以下哪些模块？(　　)
   A. 电脑和操作模块　B. 3D 头部模块
   C. PCBA 传送模块　D. 电箱模块
68. 可用于印刷工艺的 GERBER 文件的类型，有以下哪些？(　　)
   A. PCB GERBER　B. CAD 文件　C. BOM 清单　D. 钢网 GEREBR
69. 3D SPI 设备可测试的 PCB 颜色类型是(　　)。
   A. 蓝色 PCB　B. 绿色 PCB　C. 红色 PCB　D. 黑色 PCB
70. 设备可调用的 SPI 测试程式格式有(　　)。
   A. AOI　B. SIN　C. SPI　D. SIS
71. 属于视觉检测的设备有哪些？(　　)
   A. 人工目测　B. AOI　C. SPI　D. ICT
72. 焊膏型号因锡粉直径的不同而有所区别，以下哪些是常见的锡粉号？(　　)
   A. No.245～75 μm　B. No.325～45 μm
   C. No.420～38 μm　D. No.515～25 μm
73. 3D SPI 设备在发现以下哪些情况时，需要进行印刷机的调整与改善？(　　)
   A. 同一位置多次漏印　B. 整体偏移
   C. BGA 区域少锡　D. PCB 表面有脏污
74. 机器取料错误(取不到物料)而报警时，应检查(　　)。
   A. 供料器是否放平　B. 物料是否用完
   C. 物料是否装好　D. 供料器是否不良

75. 下面哪些不良是发生在贴片时？（　　）

A. 物料侧立　　B. 物料少件　　C. 物料少锡　　D. 物料多件

76. 机器送不上电或者启动不了，需要检查以下哪些项目？（　　）

A. 机器总电源插头是否接好　　B. 总电源开关是否合上。

C. 继电器是否跳闸　　D. 保险丝是否熔断

77. 电脑无法正常启动,需要检查以下哪些项目？（　　）

A. 电脑主机是否通电　　B. 电脑启动开关工作是否正常

C. 电脑主机外壳是否破损　　D. 电脑主机是否爆炸起火

78. 电机不工作或者不能转动,请检查以下哪些项目？（　　）

A. 电机线路是否断线或连接不良　　B. 驱动器是否报警

C. 电机是否被杂物卡住　　D. 电机是否生锈

79. 机器复位不正常,请检查以下哪些项目？（　　）

A. 相对应的感应器信号工作是否正常(查看软件测试页面输入信号)

B. 机器是否已被限位感应器限位

C. 机器键盘已损坏

D. 机器安全门已打开

80. 吸料效果不好或者吸偏,请检查以下哪些项目？（　　）

A. 电动供料器座和吸杆座调整时是否完全在中心点

B. 电动供料器是否放平

C. 电动供料器盖是否完全打开

D. Z轴电机是否工作正常

81. 以下哪些缺陷可能是焊膏凹坑对焊点焊接质量造成的影响？（　　）

A. 焊料不足　　B. 强度不够　　C. 剥离　　D. 立碑

82. 印刷机的 2D 功能，可以辅助检测印刷的哪些不良？（　　）

A. 漏印　　B. 少锡　　C. 连锡　　D. 厚度不足

83. 印刷机自动生产时，不能自动进出板，可能是（　　）。

A. 上板机问题　　B. 信号线问题　　C. 设置问题　　D. 下位机问题

84. 机器正前方电源开关打到 ON 时，整个机器都没电，可能的原因有（　　）。

A. 外部电源没电　　B. 机器没接地线

C. 印刷机跳闸　　D. 印刷机主保险熔断

85. 生产时报“传送超时”，可能的原因为（　　）。

A. 轨道卡板　　B. 进板传感器信号异常

C. 到板感应器没感应到　　D. 到板感应器感应到顶针

86. 印刷后，焊膏成型不完整，可能的原因有（　　）。

A. 模板孔隙堵塞

B. 模板上焊膏涂抹不均匀

C. 焊膏中不规则的大金属粉粒比例太高

D. PCB 焊盘镀层不平

87. 影响焊膏印刷质量的主要因素是（　　）。

A. 钢网质量　　B. 印刷工艺参数设置

C. 焊膏质量　　D. 设备精度

88. 下列图示属于印刷质量缺陷的有（　　）。

A. 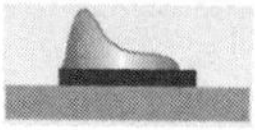　　B. 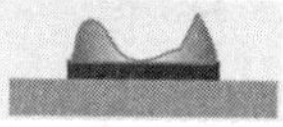　　C. 　　D.

89. 影响焊膏印刷质量因素主要有（　　）。

A. 刮刀速度　　B. 清洗剂　　C. 刮刀角度　　D. 刮刀压力

90. 焊膏的保存方法是（　　）。

A. 焊膏的保管要控制在 0～10 ℃的环境下

B. 焊膏未开封的使用期限为 6 个月

C. 不可放置于阳光照射处

D. 未开封时可常温保存

91. 以下哪些属于焊膏成功印刷的主要关键点？（　　）

A. 焊膏滚动　　B. 焊膏填充充足　　C. 顺利脱模　　D. 印刷机精度高

92. 以下哪些是焊膏印刷的主要工艺过程？（　　）

A. 定位　　B. 填充　　C. 释放　　D. 擦网

93. 印刷无铅焊膏时，应注意机器哪些参数的调整？（　　）

A. 网板位置对准

B. 在能保证不连焊的情况下，尽量增加焊膏的厚度

C. 尽量调整印刷的压力、速度，确保足够的焊膏量

D. 脱模速度尽量快，利于焊膏分离

94. 以下哪些现象可以判断焊膏涂敷是否适量？（　　）

A. 没有漏点　　B. 没有缺损

C. 没有坍塌　　D. 没有拉尖现象

95. 以下哪些现象可以判断贴片胶涂敷是否适量？（　　）

A. 胶点高度适中　　B. 没有缺损

C. 没有坍塌　　D. 没有气泡

96. 以下哪些是助焊剂在电子组装焊接中发挥的作用？（　　）

A. 清除掉锈膜　　B. 影响焊接速度和焊点的质量

C. 保持该被焊表面的洁净状态　　D. 增大接触角，降低焊料漫流

97. 关于焊膏糊状助焊剂中的黏合剂主要作用描述正确的是（　　）。

A. 黏合已贴装的 SMC/SMD 和使印刷后的焊膏具有良好的保形性

B. 黏合剂的选择取决于贴片机的贴片速度

C. 过多的黏合剂会降低焊膏的流动性

D. 少的黏合剂更利于贴片

98. 可能引起焊膏印刷偏移的原因有哪些？（　　）

A. PCB 制造有偏差　　B. 印刷机不稳定

C. PCB 变形　　D. 印刷机程序参数设置问题

99. 选择焊膏印刷设备时应关注哪些问题？（　　）

A. 对位精度　　B. 印刷的重复精度

C. 自动光学对准系统应准确可靠　　D. 钢网的自动清洗系统

100. 以下哪些参数是金属模板设计时主要需要确定的参数？（　　）

A. 最佳的面积比　　B. 模板的厚度

C. 模板的制作方式　　D. 模板材料

101. 以下哪些方法可以解决焊膏的释放难题？（　　）

A. 增加开孔宽度　　B. 减小模板厚度

C. 电抛光孔壁增大光洁度　　D. 增大模板厚度

102. 在焊膏印刷过程中造成焊膏渗污的原因是什么？（　　）

A. 搅拌过度、黏度过低　　B. 混入了其他微粉末

C. 存在间隙（位置）　　D. PCB 变形

103. 以下哪些开口是模板的常见开口形状？（　　）

A. 沙漏形开孔　B. 梯形截面孔　C. 锲形截面孔　D. 椭圆形截面孔

104. 在焊膏印刷过程中常见的缺陷有哪些？（　　）

A. 焊膏量偏少　　B. 偏移

C. 坍塌　　D. 拉尖

105. 以下哪些可能是焊膏不足对焊点焊接质量造成的影响？（　　）

A. 焊点强度不够　　B. 易剥离

C. 立碑　　D. 桥连

106. 以下哪些缺陷可能是焊膏不足对焊点印刷质量造成的影响？（　　）

A. 局部未焊上　　B. 锡珠

C. 气孔　　D. 立碑

107. 以下哪些可能是在焊膏印刷过程中造成焊膏塌落的原因？（　　）

A. 焊膏黏度低　　B. PCB 位置存在间隙

C. PCB 变形　　D. 印刷压力过大

108. 以下哪些可能是在焊膏印刷过程中造成焊膏塌落的原因？（　　）

A. 刮刀硬度不合适　　B. PCB 位置存在间隙

C. PCB 变色　　D. 印刷压力过大

工作领域三　基板焊接

1. 对于 Sn63/Pb37 的 Sn-Pb 合金而言，在共晶温度点会发生以下哪些反应？（　　）

A. 由液相到固相转变　　B. 由固相到液相转变

C. 由液相到固液混合相转变　　D. 由固液混合相到液相转变

2. 以下哪些现象是共晶组分的主要特性？（　　）

A. 共晶成分通常表现为单独的均匀相，而且具有独特的金相结构

B. 在熔点温度下由液相转变为固相

C. 在熔点温度上由单一的液熔体转变为分离的液熔体

D. 共晶组分冷却后所形成的细晶粒混合结构

3. 以下哪些是 SnPb 合金焊料中的铅的作用？（　　）

A. 降低熔点，便于操作　　B. 改善机械特性

C. 降低界面张力　　D. 抗氧化性

4. 以下哪些是再流焊炉选型时主要考虑的因素？（　　）

A. 加热方式　　B. 传送方式

C. 温度特性　　D. 外形结构尺寸

5. 以下属于再流焊特点的是（　　）。

A. 器件不直接浸渍在熔融的焊料中，元器件受到热的冲击小

B. 能控制焊料施加量，减少了虚焊、桥接等焊接缺陷

C. 有自定位效应

D. 可以采用局部加热的热源

6. 再流焊设备的技术指标包含（　　）。

A. 温度控制精度　　B. 温度均匀度

C. 温度曲线调试功能　　D. 加热区数量和长度

7. 再流焊接因温度曲线设置不当，可能造成元件微裂的是（　　）。

A. 保温区　　B. 预热区　　C. 焊接区　　D. 冷却区

8. 再流焊炉温设置原则是要考虑（　　）。

A. 基板材料种类与尺寸　　B. 元器件种类及组装密度

C. 符合炉温曲线变化规律　　D. 结合炉子的温区数目和加热区长度

9. 电磁泵的优点有哪些？（　　）

A. 免维护　　B. 流量恒定

C. 温度恒定　　D. 喷流高度可控

10. 以下焊接四要素是什么？（　　）

A. 母材　　B. 助焊剂　　C. 焊料　　D. 热源

11. 以下哪些是焊接过程中预热的作用？（　　）

A. 将助焊剂中的溶剂挥发，减少焊接时产生气体

B. 活性剂开始分解和活化，去除表面的氧化膜及其他污染物

C. 保护金属表面防止发生再氧化的作用

D. 避免焊接时急剧升温产生热应力损坏印制板和元器件

12. 选择性波峰焊设备焊接时，影响波峰稳定性的因素是（　　）。

A. 喷嘴材料　　B. 电磁泵内部焊料填充量

C. 氮气浓度与流量　　D. 喷嘴的润湿性

13. 选择性波峰焊设备焊接时，影响通孔填充率的因素是（　　）。

A. 锡缸焊料温度　　B. 预热温度

C. 氮气浓度与流量　　D. 焊接高度、波峰高度

14. 以下哪些是选择性波峰焊轨道调试要求？（　　）

A. 进口与出口同宽　　B. 轨道水平共面

C. 轨道与模组水平面平行　　D. 安装后无须调节

15. 以下哪些是选择性波峰焊对 PCB 的要求？（　　）

A. 元器件到板边间距大于 4 mm　　B. PCB 上方元器件小于 100 mm

C. PCB 下方元器件小于 60 mm　　D. PCB 尺寸应大于 100 mm×60 mm

16. 以下哪些是选择焊常见缺陷气泡、气孔产生的原因？（　　）

A. PCB 或引线氧化　　B. 预热不足

C. PCB 镀覆孔内壁厚度不均与或断裂　　D. PCB 湿度超标

17. 下列哪些产品加工可以考虑热压焊工艺？（　　）

A. FPC 与 PCB 焊接　　B. PCB 与 PCB 焊接

C. FPC 与 FPC 焊接　　D. 排线与 PCB 焊接

18. 热压焊焊接相较于普通手工焊接有哪些优势？（　　）

A. 节能降耗，焊接时通电，焊头加热，熔化焊锡，完成加热后断电冷却

B. 工艺可靠，在加压状态下完成焊接全过程，降温到焊锡凝固再上抬

C. 加工效率高，可针对多 pin 焊接一次性加工完毕

D. 高效益，自动化设备焊接，减少人力投入

19. 与手工焊接相比，下列哪些是自动焊接机的优势？（　　）

A. 焊料使用量控制　　B. 焊接效率较高

C. 焊接动作受控　　D. 所有焊点编入程序不会出现漏焊

20. 下列哪些是焊接不良的表现形式？（　　）

A. 短路　　B. 虚焊　　C. 拉尖　　D. 焊料球

21. 以下哪些属于设备评估的基本要素？（　　）

A. 设备特性参数　　B. 品质

C. 价格　　D. 投入市场时间

22. 再流焊炉按照加热的方式可以分为（　　）。

A. IR 再流焊炉　　B. 热风再流焊炉

C. 气相再流焊炉　　D. SPR 再流焊炉

23. 手工返修焊接工具有（　　）。

A. 防静电烙铁　　B. 热风枪

C. 吸锡器　　D. 元器件吸附笔

24. 下列属于热压焊焊接设备组件的有（　　）。

A. 变压器　　B. 焊头

C. 温度控制模块　　D. 运动控制模块

25. 再流焊的常规技术参数设置主要有（　　）。

A. 传送速度　　B. 温度设定　　C. 风机频率　　D. 导轨宽度

26. SMT 再流焊立碑缺陷产生的原因有哪些？（　　）

A. 元件排列方向的设计有问题。焊膏一旦达到熔点就立即熔化，片式矩形元件的一个端头先达到熔点，焊膏先熔化，具有液态表面张力，而另一端未达到液相温度，焊膏未熔化，只有远小于表面张力的黏接力，使为熔化端的元件端头向上直立

B. 模板漏孔被焊膏堵塞或开口小，会引起漏印的焊膏不一致，焊盘两端的表面张力不平衡，元件会竖起

C. 贴装位置偏移，或元件的厚度设置错误，或贴片头 Z 轴高度过高，贴片时元件从高处掉下造成；或贴装时压力过小，元器件的焊端或引脚浮在焊膏表面

D. 元件的焊端被污染或氧化，或元件端头电极的附着力不好，这样元件两端易于产生不平衡力，产生立碑现象

27. 常用的热压焊焊头按材料划分有哪几种？（　　）

A. 铜合金　　B. 钼合金　　C. 钛合金　　D. 银合金

28. 再流焊的热量传递方式有哪些？（　　）

A. 热传导　　B. 热辐射　　C. 热对流　　D. 热交换

29. 废气处理和回收装置的目的主要有（　　）。

A. 环保要求，不让助焊剂挥发物直接派到空气中

B. 废气在焊接中的凝固沉淀会影响热风流动

C. 降低对流效率

D. 选择氮气，为了节省氮气

30. 再流焊焊接后的质量检测方法有哪些？（　　）

A. 目视法　　B. 自动光学检测法　　C. 电测试法　　D. X 光检测法

31. 氮气在焊接过程起到的作用是（　　）。

A. 提高焊接面润湿能力　　B. 减少氧化程度

C. 减少内部空洞，提高焊接质量　　D. 加快润湿速度

32. PI 膜的作用有哪些？（　　）

A. 使焊头与焊接产品绝缘　　B. 防止助焊剂对热压头的腐蚀

C. 减震、缓冲　　D. 保持热压头清洁

33. 热压焊常用仪器类测量工具有哪些？（　　）

A. 测温仪　　B 压力计　　C. 水平仪　　D. 经纬仪

34. 用示教盒编辑焊接工艺参数文件时，文件可以（　　）。

A. 复制　　B. 阵列　　C. 删除　　D. 上传

35. 热压焊设备日常点检包含哪些方面？（　　）

A. 压印　　B. 位置　　C. 温度　　D. 压力

36. 常用测温传感器有哪些？（　　）

A. ST-11　　B. ST-13　　C. ST-18　　D. ST-50

37. 热压焊焊接机主要组成部分有哪些？（　　）

A. 运动平台　　B. 加热控制器　　C. 机头组件　　D. 焊头组件

38. 热压焊温度校准界面需要校准的温度有哪些？（　　）

A. 环境温度　　B. 低温校准　　C. 高温校准　　D. 预热温度校准

39. 热压焊制程下载好后在文件加工界面，可以看到哪些参数？（　　）

A. *XYZ* 轴坐标　　B. *Z* 轴当前压力

C. 焊接制程运行时间　　D. 加工次数

40. 使用热压焊工艺焊接产品时焊盘少锡、虚焊的可能原因是（　　）。

A. 焊盘预上锡少　　B. 焊头过大

C. 使用焊接压力较小　　D. 焊接温度低

41. 焊盘出现锡珠的可能原因是（　　）。

A. 焊盘预上锡过多　　B. 焊头设计不合理

C. 使用焊接压力过大　　D. 温度设置过高

42. 热压焊出现焊接偏位的可能原因是（　　）。

A. 载具晃动，未固定好　　B. 产品定位不好，在载具内晃动

C. *Z*轴与产品不垂直，焊接时受力移动　　D. 焊接时间过长

43. 热压焊机头集成哪些功能？（　　）

A. 温度采集　　B. 热压头水平，角度调节

C. 压力采集　　D. 冷却吹气

44. 热压焊加热控制器集成了哪些功能？（　　）

A. 智能温度控制　　B 温度报警输出

C. 实时监控，设置温度　　D. 与 PC/PLC 通信

45. 常用调节加热曲线 PID 参数有哪些？（　　）

A. 比例系数　　B. 积分系数　　C. 微分系数　　D. 焊接功率

46. 为防止焊头直接以工作速度撞击压坏产品，需要设置哪个焊接点参数？（　　）

A. 减速距离　　B. 减速速度　　C. 上抬高度　　D. 超时时间

47. 如果一款产品散热较大，有哪些解决方案有利于提升焊接效果？（　　）

A. 延长焊接时间　　B. 制作金属载具　　C. 增加预热装置　　D. 增加焊接温度

48. 热压焊焊接有哪些优势？（　　）

A. 多点一次完成，焊接效率高　　B. 焊接无浮起，一致性高

C. 升温迅速稳定，温度再现性好　　D. 焊接温度压力时间控制精度高

49. 使用热压焊工艺进行塑料热铆时，以下哪种材料比较适合？（　　）

A. PET 塑料　　B. PP 塑料　　C. PA 塑料　　D. PE 塑料

50. 目前使用的热压焊焊接设备有哪些特点？（　　）

A. 温度闭环控制　　B. 压力闭环控制　　C. 整机运动闭环控制　　D. 实时通讯功能

51. 热压焊工艺可应用领域产品有哪些？（　　）

A. 手机　　B. 手表　　C. 电脑　　D. 相机

52. 烙铁头主要组成部分有（　　）。

A. 无氧铜　　B. 镀铁层　　C. 镀铬层　　D. 镀锡层

53. 烙铁头镀铬层作用是（　　）。

A. 防止爬锡　　B. 保证烙铁头上锡尺寸不变

C. 防止磨损　　D. 防止腐蚀

54. 下列哪些是焊接不良？（　　）

A. 拉尖　　B. 露铜　　C. 连锡　　D. 冷焊

55. 焊接时温度过高，会有哪些影响？（　　）

A. 加快锡丝中助焊剂的挥发　　B. 降低烙铁头使用寿命

C. 提高焊接良率　　D. 造成焊点拉尖

56. 焊接过程中，造成“拉尖”的原因是（　　）。

A. 温度过高，造成锡丝里面的助焊剂挥发过多，焊点上的锡没有活性

B. 焊点温度过低，焊点上的锡没有完全熔化

C. 锡丝里的助焊剂活性较差/比例较少，焊点上的锡没有活性

D. 焊接参数不合理

57. 无铅锡丝 SAC305 成分比例，正确的是（　　）。

A. 96.5%Sn　　B. 3%Ag　　C. 0.5%Cu　　D. 3.5Cu

58. 散热大的产品，下列哪些做法正确？（　　）

A. 升高温度　　B. 增加加热时间

C. 选择热容量大的烙铁头　　D. 给产品先预热

59. 焊接时，温度过高会引起哪些不良？（　　）

A. 拉尖　　B. 连锡　　C. 露铜　　D. 锡珠

60. 以下属于选择焊出现焊接缺陷的是（　　）。

A. 偏移　　B. 拉尖　　C. 立碑　　D. 桥连

61. 选择性波峰焊波峰强度低或无法起波的原因是（　　）。

A. 液位低　　B. 欠压

C. 喷嘴堵塞　　D. 基准偏差设置错误

62. 不用选择性波峰焊返修的缺陷有哪些？（　　）

A. 桥连　　B. 锡洞　　C. 漏焊　　D. 拉尖

63. 造成虚焊的主要原因有哪些？（　　）

A. 锡炉温度低　　B. 助焊剂质量差　　C. 原材料受潮　　D. 喷嘴氧化

64. 选择性波峰焊中出现的不良有哪些？（　　）

A. 连锡　　B. 漏焊　　C. 少锡　　D. 气泡

65. 焊接后的线路板板面产生锡珠的可能原因是（　　）。

A. 助焊剂喷涂过量

B. PCB 受潮

C. 元器件管脚或 PCB 焊盘氧化或被污染

D. 预热温度低或时间短

66. 选择性波峰焊容易出现的不良有（　　）。

A. 短路　　B. 空焊　　C. 拉尖　　D. 锡珠

67. 导致产品焊接不良的有哪些可能性？（　　）

A. 助焊剂喷涂不到位　　B. 预热时间不当

C. 焊接时间不当　　D. 原材料不良

68. 以下哪些会影响焊接质量？（　　）

A. 助焊剂　　B. 原材料　　C. 预热　　D. pcb 设计

69. 选择性波峰焊助焊剂工位无法喷涂可能的原因有哪几点？（　　）

A. 气压不够　　B. 喷头堵塞　　C. 电压不够　　D. 过滤器堵塞

70. 以下哪些可以用选择性波峰焊返修？（　　）

A. 桥连　　B. 吹孔

C. 错件　　D. 拉尖

71. 再流焊炉后有可能出现的不良有（　　）。
A. 掉件　B. 极性相反　C. 少锡　D. 气泡

72. 选择性波峰焊焊接后线路板板面产生少锡的可能原因有（　　）。
A. 锡液位低　B. PCB 受潮　C. 助焊剂喷涂少　D. 锡液位高

73. 选择性波峰焊优势有（　　）。
A. 节省耗材　B. 锡渣产生少　C. 效率高　D. 不需要治具

74. 通常用哪些参数来调整再流焊的温度曲线？（　　）
A. 温度　B. 传送速度　C. 风机的风速　D. 环境温度

75. 使用再流焊时，调用之前做过的程序文件，需要注意哪几个方面？（　　）
A. 轨道宽度是否需要调整　B. 传送速度是否合适
C. 测试温度曲线是否吻合　D. 再流焊的质检方式

76. 再流焊接常见缺陷有（　　）。
A. 锡珠　B. 桥连　C. 立碑　D. 虚焊

77. 下面哪些不良是发生在印刷阶段？（　　）
A. 漏印　B. 多锡　C. 少锡　D. 翻面

工作领域四　基板检修

1. AOI 电脑编程中的导图模式，可支持的文件格式有（　　）。
A. DXF　B. DWG　C. Gerber　D. STEP

2. 条形光源的应用范围有（　　）。
A. 二维码检测　B. 定位标记
C. 划痕　D. 金属表面检测等

3. 炉后检验人员检查焊接质量时应（　　）。
A. 依相关的 IPC 标准对焊点检查
B. 依检测作业指导书检查元器件位置和方向的正确性
C. 对合格品、不合格品应分别标识和放置、跟踪不合格品处理的结果和数量
D. 加工双面板时，第二面过再流焊炉后需对前 3 块板正、反面全检后作为首件使用

4. 来料检测包括（　　）。
A. 设备检测　B. 元器件检测　C. PCB 检测　D. 工艺耗材检测

5. 属于视觉检测方法主要包括（　　）。
A. 人工目测　B. AOI　C. AXI　D. ICT

6. 正确的电烙铁烙铁头使用及保养方法为（　　）。
A. 尽量使用低温焊接，一般焊接温度控制在 320～380 ℃
B. 第一次使用新的烙铁头时，设置 250～280 ℃给烙铁头加锡保护
C. 防止烙铁头氧化，放回烙铁架之前应镀一层新鲜的焊锡
D. 清洁海绵不宜太多水分

7. 助焊剂在焊接过程中的作用是（　　）。
A. 除去被焊基体金属表面的锈膜　B. 降低液态焊料的表面张力
C. 传热　D. 促进液态焊料的漫流

8. 锡焊的关键要素有哪几个？（　　）
A. PCB 质量　　B. 母材　　C. 无铅锡丝　　D. 焊料
9. 常见的焊接不良有（　　）。
A. 针孔　　B. 虚焊　　C. 多锡　　D. 连锡
10. 造成 PCBA 焊接不良因素有哪些？（　　）
A. 焊接设备　　B. 温度　　C. 元器件可焊性　　D. 助焊剂
11. 焊点产生气泡的原因有哪些？（　　）
A. 引线与焊盘孔间隙大　　B. 焊锡过多
C. 引线浸润不良　　D. 烙铁撤离角度不当
12. 常见 AOI 与前后设备对接通信的方法有（　　）。
A. RJ-45　　B. SMEMA　　C. RJ-32　　D. RS-455
13. 常用 AOI 数字相机按其成像原理可分为（　　）。
A. CMOS 相机　　B. 数码相机　　C. 单反相机　　D. CCD 相机
14. AOI 设备主要构成系统有（　　）。
A. 运动电机　　B. 软件　　C. 48V 电源　　D. 镜头
15. AOI 常用的运动电机分为（　　）。
A. 永磁同步电机　B. 步进电机　　C. 线性电机　　D. 伺服电机
16. 支持 AOI 编程的文件有（　　）。
A. CAD 坐标　　B. 神经网络深度学习算法
C. 手动编程　　D. PCB 文件
17. 市场上常见的光源种类有（　　）。
A. 条形光源　　B. 环形光源　　C. 背光源　　D. 环形无影光源
18. AOI 常用光源由哪几种颜色组成？（　　）
A. 蓝色　　B. 绿色　　C. 红色　　D. 橙色
19. AOI 软件系统的作用是（　　）。
A. 图像处理　　B. 程序编辑　　C. 检查结果进行统计　D. 数据分析
20. AOI 最主要的组成可分为以下（　　）部分。
A. 光栅尺　　B. 相机　　C. 工控电脑　　D. 镜头
21. CMOS 相机与 CCD 相机对比有哪些优点？（　　）
A. 灵敏度好　　B. 成本低廉　　C. 低功耗　　D. 系统整合性好
22. 以下电子元器件在 AOI 检查中需要检查极性的有哪几种？（　　）
A. 电感　　B. 电解电容　　C. IC　　D. 钽电容
23. SMT 线体主要的设备有（　　）。
A. 贴片机　　B. AOI　　C. 再流焊　　D. SPI
24. 市场上常见国外可用于 AOI 的相机品牌有（　　）。
A. 巴斯勒　　B. 奥普特　　C. 康耐视　　D. 基恩士
25. SPC 数据统计有（　　）功能。
A. 查询统计数据　　B. 分析统计不良缺陷数据
C. 对良品和不良品进行分类　　D. 找出 TOP1 缺陷产生的原因

工作领域五　基板装联

1. 选择针头的好坏通常从几个方面观察？（　　）

A. 毛边处理　　B. 内径

C. 内壁光滑度　　D. 针头长度

2. 以下哪些可以用于点瞬间胶水的配置？（　　）

A. 针筒　　B. 点胶控制器

C. 气管　　D. 铁氟龙管

3. 针筒点胶时有滴漏现象，可能出现的状况有哪些？（　　）

A. 回吸未开　　B. 针筒太大　　C. 胶水内有气泡　　D. 针头内有气泡

4. 点胶机的常规技术参数设置主要有（　　）。

A. 点胶量的大小　　B. 点胶压力（背压）

C. 针头大小　　D. 针头与 PCB 板间的距离

5. CAD 导图图纸用的可以是哪些格式的图纸？（　　）

A. DWG　　B. PGP　　C. TXT　　D. DXF

6. 在汽车电子行业，客户基本指定 ATLAS 电批，ATLAS 电批有哪些拧紧工艺？（　　）

A. 寻帽+入牙　　B. 角度步骤　　C. 转矩步骤　　D. 贴合点步骤

7. 以下选项中哪些是压接工艺的优点？（　　）

A. 不会因腐蚀而增加电阻　　B. 电气接触良好

C. 耐高温也耐低温　　D. 工艺简单易于实现自动化

8. 螺丝滑牙的主要因素是（　　）。

A. 电批扭矩过大，高于于生产工艺要求的螺丝锁付扭矩值

B. 使用螺丝型号不匹配，选用正确的匹配螺丝，并筛选良品螺丝

C. 产品的孔位异常，偏大

D. 产品材料偏软

9. PCB 补强胶的包装有哪几种？（　　）

A. 30 cc 针筒　　B. 55 cc 针筒

C. 330 cc 卡式胶筒　　D. 1 公升桶

10. 以下哪种阀可以用于热熔胶？（　　）

A. 大流体柱塞阀　　B. 螺杆阀

C. 喷射阀　　D. 撞针阀

11. 螺丝浮锁的主要因素是（　　）。

A. 电批扭矩过小，低于生产工艺要求的螺丝锁付扭矩值

B. 编辑的孔位坐标不对，编辑需按照速捷自动化有关操作说明书编辑操作，重新校准孔位点坐标

C. 锁付螺丝时设定的长度不够，导致锁付时达不到锁紧状态

D. 使用螺丝型号不匹配，选用正确的匹配螺丝，并筛选良品螺丝

12. 紧固件连接工艺有（　　）。

A. 压接　　B. 绕接　　C. 螺接　　D. 接插件连接

13. 压接的优点有（　　）。
A. 不会因腐蚀而增加电阻　　B. 电气接触良好
C. 耐高温也耐低温　　D. 连接的机械强度高

14. 压接连接的结构类型有（　　）。
A. 导线和端子之间的压接接续
B. 连接器和 PCB 金属化通孔之间的压接接续
C. 导线与导线之间连接
D. 贴片元件与 PCB 之间

15. 压接的工艺流程包括（　　）。
A. 插件　　B. 放板　　C. 压接　　D. 取板

16. 常见压接不良有（　　）。
A. 跪针　　B. 未压接到位　　C. 压坏　　D. 插针偏移

17. 压接不良常用检查方法有（　　）。
A. 目检　　B. 放大镜　　C. X-RAY　　D. 工装

18. 以下哪些胶水属于湿气固化类胶水？（　　）
A. 硅胶　　B. 红胶　　C. RTV 胶水　　D. 环氧胶

19. 影响螺丝锁付的因素有（　　）。
A. 螺纹类型　　B. 螺丝类型与尺寸　C. 锁付工具　　D. 装配方式

20. 影响自动点胶稳定性的主要因素包括（　　）。
A. 点胶的环境温湿度影响　　B. 设备的运动精度及稳定性
C. 点胶阀的选型　　D. 控制器的精度

21. 针嘴与 PCB 的高度是影响胶点外形质量的重要参数，体现在点胶效果上的影响是（　　）。
A. 拉丝　　B. 胶点大小不均匀
C. 污染针头　　D. 胶水滴漏

22. 影响三防喷涂效果的决定因素是（　　）。
A. 雾化气压的大小　　B. 供料气压的大小
C. 胶水的黏度　　D. 胶阀的型号

23. 常见胶阀的密封件的材质有（　　）。
A. PEEK　　B. Viton　　C. PTFE　　D. EPDM

24. 螺丝锁付节拍比较慢，可以优化以下哪些参数？（　　）
A. 轴加速度　　B. 轴速度　　C. 电批转速　　D. 取料延时

（四）简述题与分析题

工作领域一　装联准备

1. 我国职业健康安全管理方针和制度是什么？

2. 静电放电对元器件有什么影响？

3. 烟雾净化系统对比传统管道的优势是什么？

4. 请分析静电的防护原理，静电监测通常要使用哪些仪器？

5. 印刷作业控管工艺要点有哪些？

6. 某公司在SMT13线生产无线GM51PAU单板时，作业员反映印刷机后刮刀刮得干净，前刮刀的左侧却刮不干净，而且还留有较厚一层锡。询问操作员得知刮刀是新的，而且刚刚装上去，并做了刮刀高度测定。但仍然发生刮不干净的现象。经试制组人员观察，发现前刮刀的装配与后刮刀相比，有较大的异常，其左侧挡锡片的下端比刮刀的底端还要低将近1mm。如下图所示，这样在刮的时候，前刮刀左侧就不能真正的接触钢网，当然就刮不干净了。

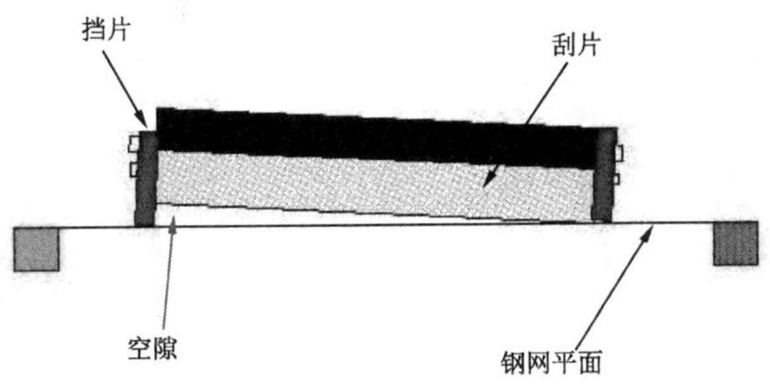

请您就以上现象进行分析，写出一份问题分析报告，报告内容主要包括：
（1）问题的原因；

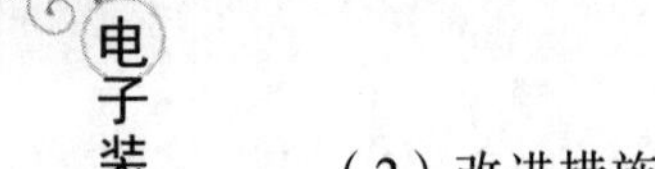

（2）改进措施；

（3）经验教训。

7. 静电敏感器件一般可分为几级及电压范围？静电敏感器件与防静电的基本原则和性能的检测周期及注意事项？

工作领域二　基板贴装

1. 如何提高编程的速度？要使所编的程序接近完美，应注意哪几个方面？

2. 离线编程电脑优化的程序是最理想的吗？为什么？编程如何减少上机调试时间？

3. 简述贴片机的操作保养控管点。

4. 绘制一块规范的双面 PCB，如下图要求 A 面包括 5 个片式元件和一个细间距 SOP 器件，B 面包含三种大型 IC 器件，并请设计出其 SMT 生产工艺流程（对于各种元器件的焊盘形状合理即可，不做焊盘尺寸要求）。

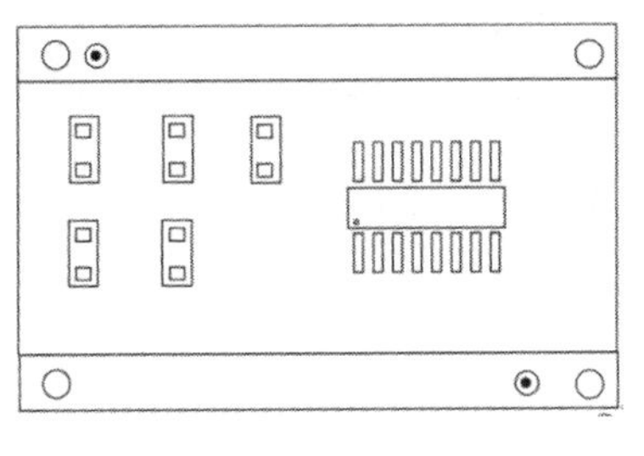

A 面

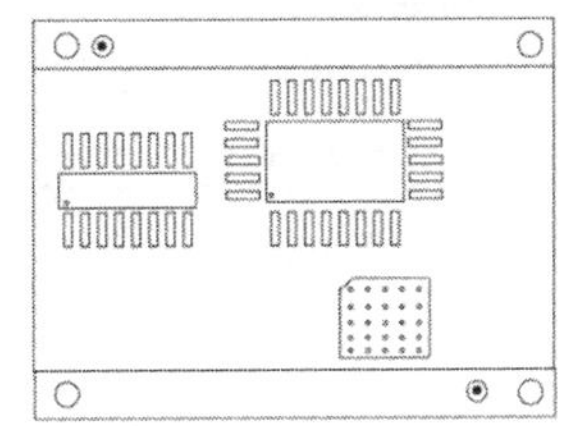

B 面

5. 简述贴片偏移原因及对策。（答出三点得满分）

6. 简述在贴装工作过程中，影响贴装工艺能力系数 Cpk 的主要因素有哪些？关键工艺参数的确定以及最优化工艺过程控制参量是什么？

7. 请简述贴装高度及贴装压力是如何影响贴片质量的？

8. 贴片作业管控的工艺要点有哪些？

9. 试分析贴片程序不能正常优化的可能原因是什么？

10. 表面贴装设备主要有哪几个模块构成？其中电箱模块有什么作用？

11. 贴片机的急停按钮主要用于什么作用？

12. 简述直线导轨的作用以及跟直线轴承相比的优势。

13. 3D SPI 设备检测时，有哪些检测参数？

14. 如何使用 3DSPI 设备确保无不良印刷品流入贴片工艺段？

15. 简述 SPC 报告中能体现或应该体现的内容。

16. 分析下图中是何不良，分析引起该不良的原因。

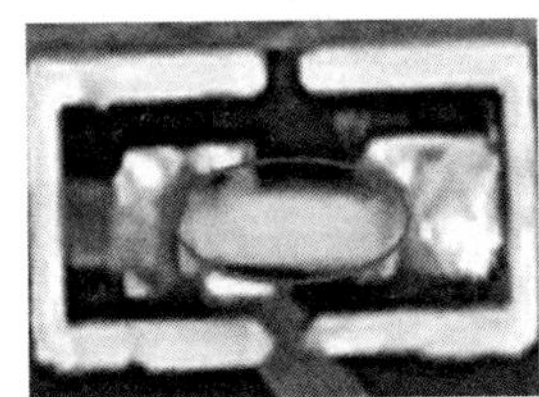

17. 请分析和简单说明 3DSPI 设备的 3D 检测原理。

18. 分析下图中有何不良，分析引起该不良的原因。

19. 现有一款 200 mm × 150 mm × 0.6 mm 的 32 拼，最小元件为 0201 的 PCB 板。在印刷中经常出现 Mark 识别不过，调整好后中途偶尔印刷偏移，请分析产生的原因，及改善措施。

20. 印刷无铅焊膏时，应注意机器哪些参数的调整？

21. 镀金、裸铜、搪锡板在相同条件下印焊膏时，哪种品质较好？

22. 某公司组装的 8 拼板的内存条为 1 mm 厚的双面板，每块拼板的两面都有 1.25 mm 间距的 SOP 和 0805 的阻容器件，板的正反面完全对称，但在生产正面时在印刷后 1.25 mm 间距的 SOIC 总是产生连锡的现象，板的结构大体如下图所示：

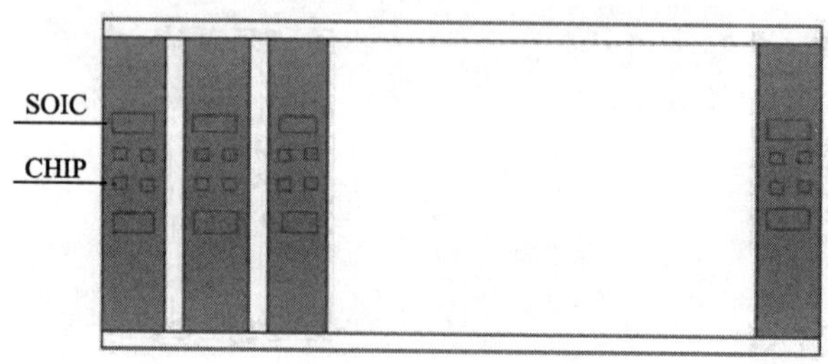

请您就以上现象进行分析，写出一份问题分析报告，报告内容主要包括：

（1）问题的原因；

（2）改进措施；

（3）经验教训。

23. 印刷机自动印刷时发现钢网上残留焊膏比较多，如何调整？请您就以上缺陷进行分析，写出一份问题分析报告。

24. 作业员发现，焊膏印刷机印刷出的 PCB，经常会有焊膏偏移现象，而且偏移量不是一样的，该问题是由什么原因引起的？

25. 对印刷使用的焊膏、红胶有什么要求？具体体现在哪些方面（从材料的本质、保管及使用过程等方面进行考虑）？

26. 右图为一常见印刷缺陷，回答下列问题。

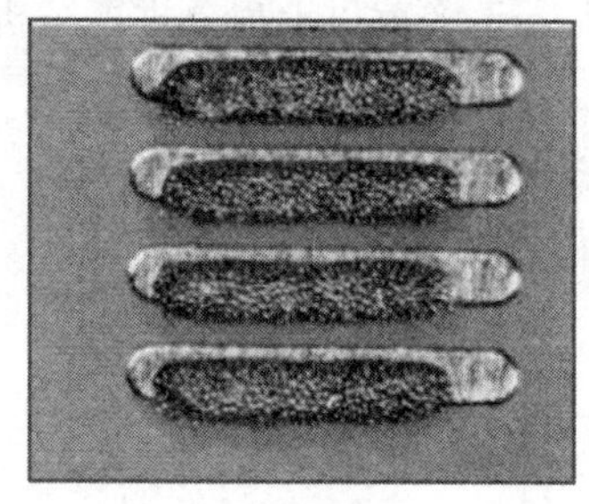

（1）该印刷缺陷的名称是什么？

（2）该印刷缺陷如不进行及时返修，焊接后可能会导致哪些不良后果？

（3）用鱼骨图分析产生该种印刷缺陷的原因。

工作领域三　基板焊接

1. 请分析影响焊接效果的因素有哪些方面？

2. 下图为锡银铜无铅焊料（熔点为 217 ℃）的再流焊温度曲线：

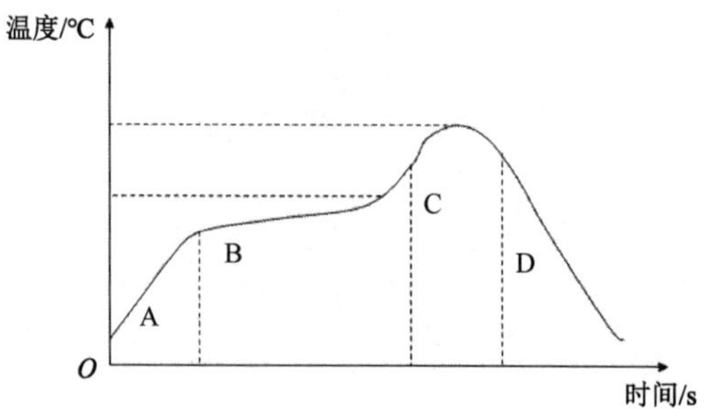

（1）请写出 A、B、C、D 四个区的名称，并说明 B 区的作用。

（2）试说明该焊料在 C 区中的峰值焊接温度和焊接时间分别是多少？

3. 无铅化后，最好采用红外+热风上下两面同时加热方式，为什么？试分析。

4. 简述选择性波峰焊接时，影响通孔填充率的因素。

5. 简述选择性波峰焊接时，影响焊接桥连的因素。

6. 什么是液态焊料的表面张力？什么叫液体表面张力系数？表面张力是如何形成的呢？

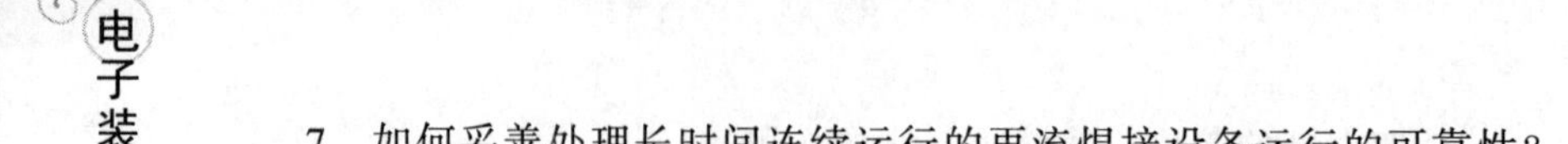

7. 如何妥善处理长时间连续运行的再流焊接设备运行的可靠性？

8. 再流焊接对 PCB 焊盘设计的工艺性要求有哪些？

9. 热容量不同的元器件为什么会构成对再流升温特性的影响？

10. 再流焊接作业管控的工艺要点有哪些？

11. PI 膜具有优良的耐高低温性、电气绝缘性、黏结性、耐辐射性、耐介质性，在热压焊工艺中它主要的作用是什么？

12. 简述双片型感压纸的工作原理。

13. 热压焊焊接相较于普通手工焊接有哪些优势？

14. 请简述热压焊温度校准步骤。

15. 请简述热压焊压力校准步骤。

16. 请简述编辑一个热压焊工作制程。

17. 针孔是怎么形成的？

18. 造成虚焊的主要原因有哪些？

19. 锡炉不加热或加热慢的主要原因有哪些？

20. 请简述有铅工艺和无铅工艺的区别。

21. 再流焊卡板掉板有哪些因素导致？

22. 再流焊后，有焊点虚焊的现象。是什么原因？如何解决？

23. 简述一下再流焊时，细间距元件焊接形成桥接的机理。

24. 分析下图属于哪种焊接不良，分析可能原因并提出解决方案。

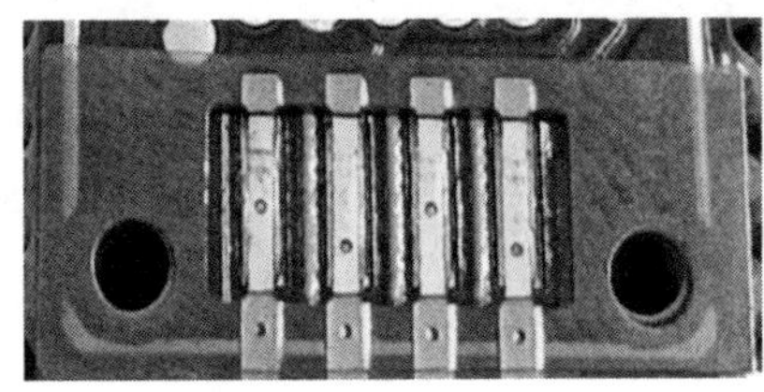

25. 指出下图中有何种不良，分析原因并指出解决方案。（答出三点即满分）

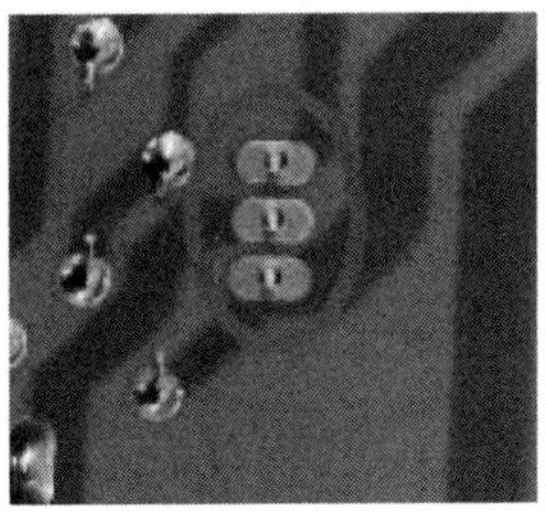

26. 生产时选择性波峰焊炉后出现气孔，照 X-RAY 发现通孔里有气泡，请分析原因及提出对策。

27. 生产过程中炉后出现元件脚间焊接点桥连连锡，请分析原因和提出解决对策。

28. 针对再流焊中的立碑现象，说明一下形成机理。

工作领域四　基板检修

1. 当自动检测设备中常见的错误提示相机未找到时，请分析造成这种错误提示的常见故障原因及解决办法有哪些？（答出四点即得满分）

2. 视觉系统标定的意义和步骤流程图。

3. 用电烙铁焊接 PCB 上的元器件引线时如何选择电烙铁？

4. 下图为 X-RAY 检测的 BGA 焊接情况照片，看图回答问题：

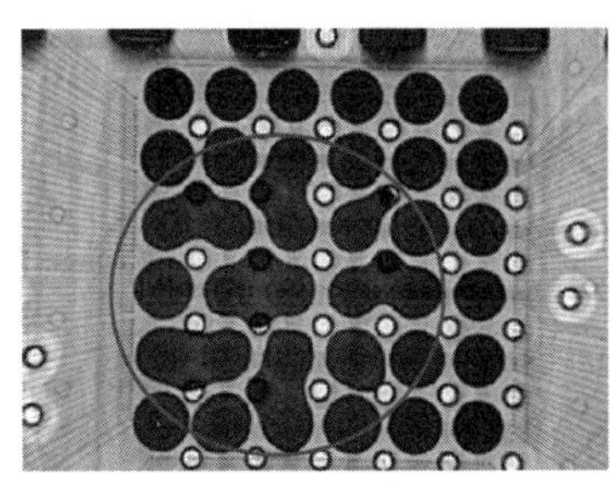

（1）图中 BGA 焊接有何不良？
（2）导致该不良的原因是什么？
（3）如何改善不良？

5. 分析下图中有何不良，分析引起该不良的原因及改善对策。

6. 分析下图中有何不良，分析引起该不良的原因。

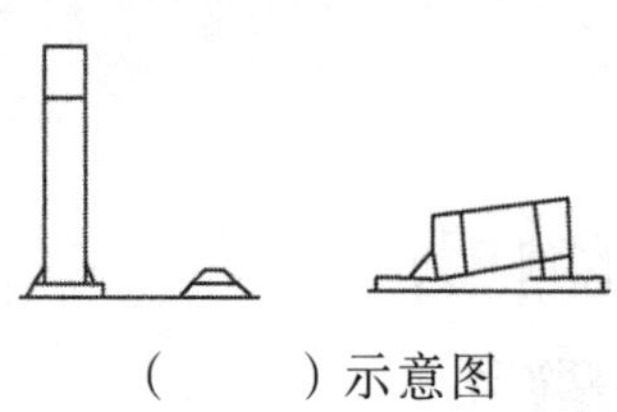
（　　）示意图

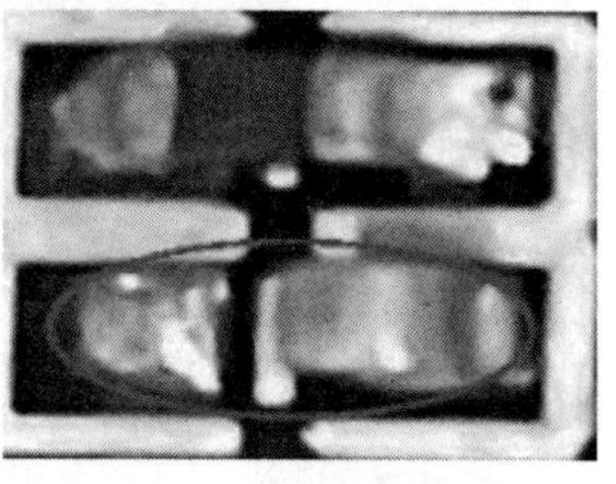
（　　）实物图

7. 根据下图内容回答问题：
（1）下图中是何种焊接不良；
（2）分析引起该不良的原因；
（3）改善措施。

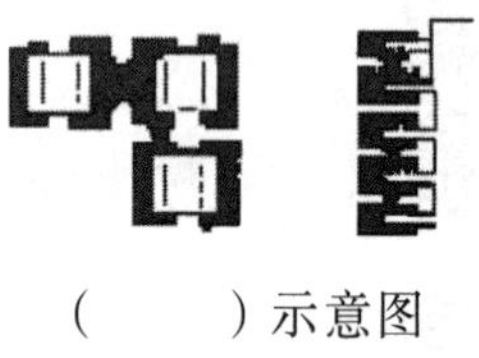
（　　）示意图

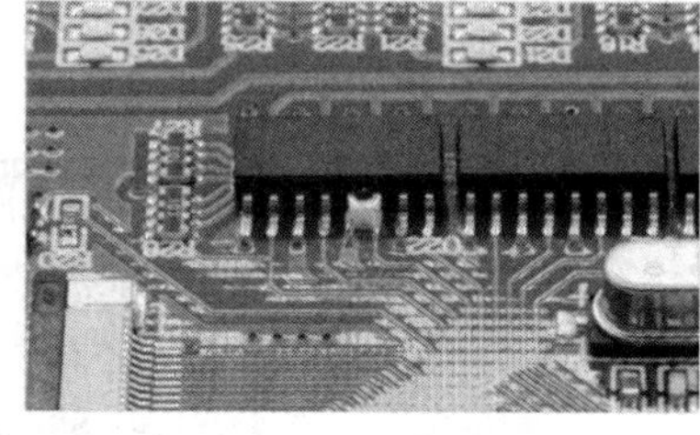
（　　）实物图

8. 根据下图中锡球的形变情况，判定图中锡球处于何种状态，并通过此状态判定焊锡上的温度大概多少度？

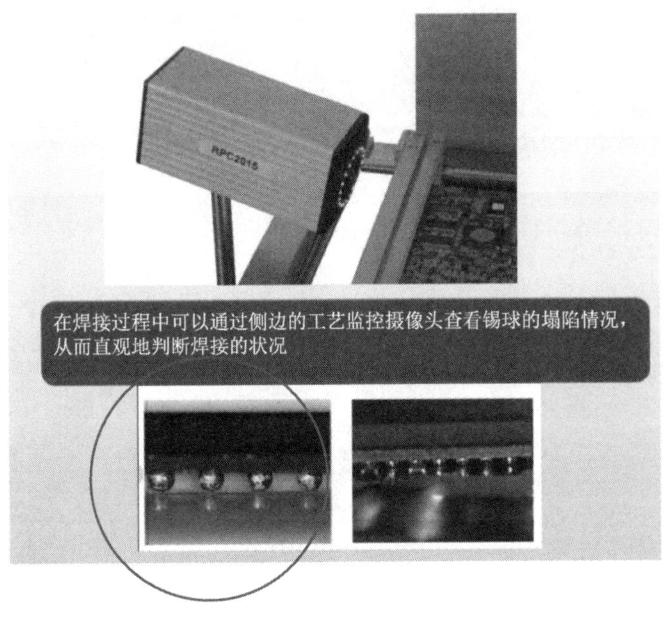

9. 分析下列图中有何不良，分析引起该不良的原因及改善对策。（回答最少两种，以及解决方案）

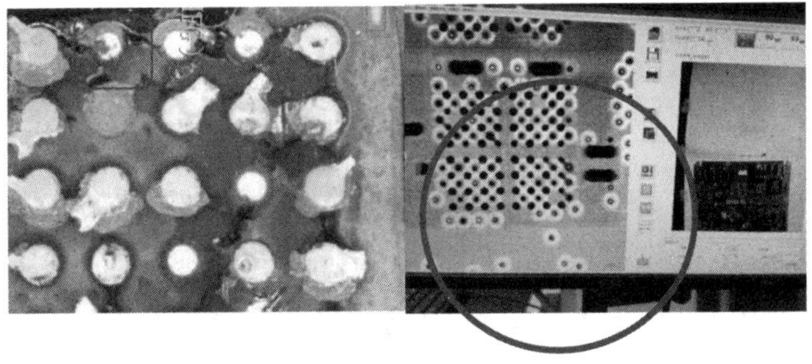

10. 吸锡枪在进行返修作业中存在没有吸力的情况，请问怎么判断是哪里有问题？

11. 根据图示元器件，需要进行返修作业选择哪类返修技术比较合适？并简述返修流程。

12. 在 SMT 炉后 AOI 操作人员发现在同一时间段、同一品号、相同位号 C8 连续出现 3Pcs 缺件（C8 焊盘上锡正常），请分析该缺件的原因及解决方案。（答出三点即满分）

13. 在 SMT 炉后（AOI 已检查后）产品抽检区品质部 IPQC 在抽检时发现条码为×××201806×××PCBA 板上 U1 引脚位置连锡不良，请分析该漏失在哪个环节出现问题？

工作领域五　基板装联

1. 请问点焊膏和点助焊剂是否可以选用同一种阀?是否还有更多的阀可以选择？并分析在自动点胶过程中出现胶嘴堵塞的原因以及解决方法。

2. 请简述点胶时出现滴漏现象的原因以及解决方法。在自动点胶过程中出现流速过缓的原因以及解决方法。

3. 影响压接的主要工艺参数有哪些？

4. 简单描述点胶时流速过慢的解决方法。

5. 自动点胶过程中，出现点胶大小不一致，请描述原因及解决办法。

6. 请简述气吸式螺丝机螺丝吸取不良原因。

五、操作技能考核试题

说明：高级实操考试由 15 个任务构成，分必考和抽考两种题型，具体见下表。考核时间 150 分钟，总分 100 分。

序　号	项目名称	模块编号	模块内容	考核方式	考试方式	考核时间/分钟	配分
1	装联准备	1.1	环境稽查	现场实操	必考	2	1
		1.2	静电防护	现场实操	必考	2	1
		1.3	物料标码	现场实操	二选一	6	8
		1.4	基板打码	现场实操			
2	基板贴装	2.1	印刷涂敷	现场实操	必考	15	5
		2.2	印刷检查	现场实操	必考	15	10
		2.3	元器件贴装	现场实操	必考	20	15
3	基板焊接	3.1	再流焊接	现场实操	三选一	30	15
		3.2	选择性波峰焊接	现场实操			
		3.3	机器人焊接	现场实操			
		3.4	热压焊接	现场实操	必考	20	15
4	基板检修	4.1	基板检测	现场实操	必考	10	10
		4.2	基板返修	现场实操	必考	20	10
5	基板装联	5.1	基板点胶	现场实操	二选一	10	10
		5.1	基板锁付	现场实操			
合　计						150	100

任务一　环境稽核

某公司电子产品制造中心如下图所示，请利用所学知识完成生产前的环境、5S 等稽核工作，并提出改善方案。

1. 依据检测车间的环境参数进行点检，并对不达标的参数提出改善方案。（提示：从温度、湿度、静电防护等三个方面展开）

2. 请根据5S现场管理规范，稽核现场作业环境，并对做得不到位的地方提出改善方案。（提示：从整理、整顿、清扫、清洁、素养等五个方面展开）

3. 请根据静电设备及静电防护点检情况，稽核现场静电防护，并对不正确的地方提出改善方案。（提示：从人、机、料、法、环等五个方面展开）

任务二　静电防护

我公司现与某公司签订了产品组装协议，产品样图如下所示，请在生产前完成以下任务：

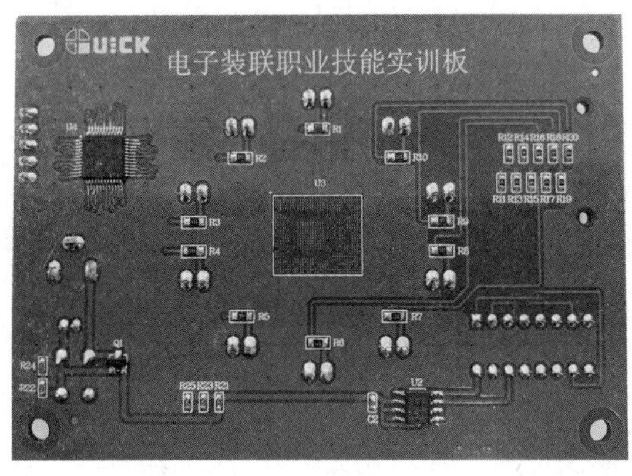

1. 根据SMT车间静电防护要求，对人员静电用品穿戴情况提出改善建议。（提示：从防静电服、帽、鞋、手环等四个方面展开）

2. 根据SMT车间静电防护要求，对工作台面及接地系统电阻进行电阻测试。（提示：从表面阻抗测试仪展开）

3. 根据SMT车间静电防护要求，检测静电是否超标。（提示：从静电测试仪展开）

任务三　物料标码

我公司现与某公司签订了产品组装协议，产品样图如下图所示，请在生产前完成以下任务：

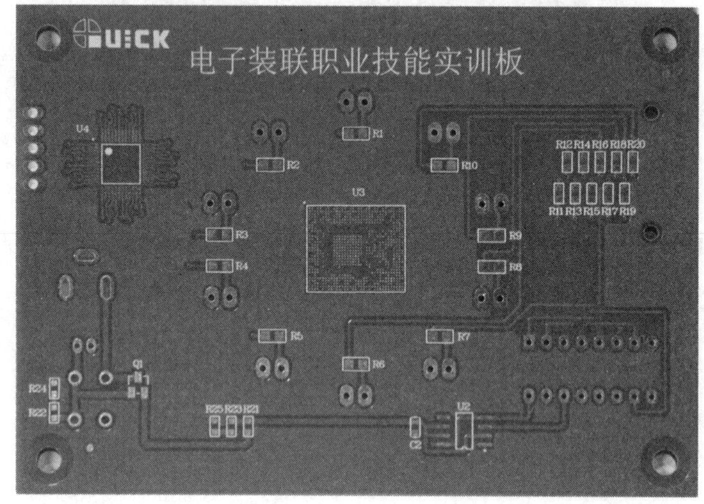

1. 识读物料规格参数。（提示：从作业指导书基本结构、编制原则几方面展开）

2. 制作物料标签，并在指定位置贴码标识。（提示：根据作业指导书要求）

3. 排除存储物料的标码错误并进行改正。（提示：根据作业指导书要求）

任务四　基板打码

根据电子装联职业技能实训板工艺要求，对 PCB 进行标码作业，要求：

1. 二维码位置如下图所示；
2. 二维码大小 4 mm × 4 mm；
3. 二维码类型 DATAMATRIX；
4. 打码类型 MATRIX 。

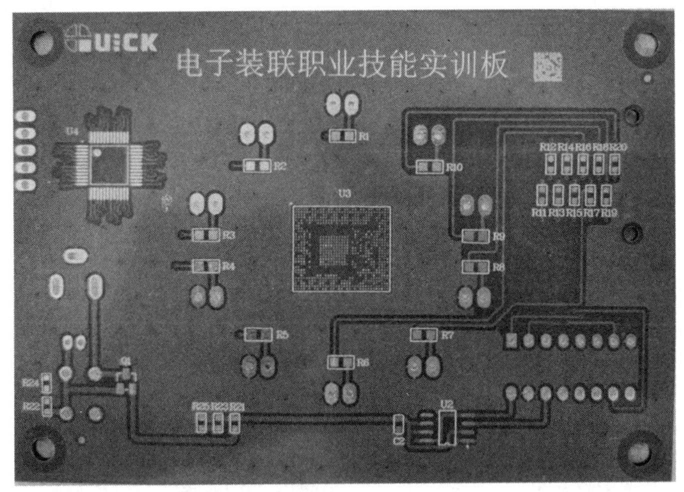

该产品目前流到基板打码，假如该工位由你来完成，请完成以下任务：

1. 请就激光打标机的工作步骤，编制作业指导书，供其他员工学习。

2. 正确完成激光打标作业。（提示：依据作业指导书，完成物料准备、程序编制、设备调试等工作）

3. 根据现场标码不良，调试标码工艺参数，改善标码不良。（提示：重点考察标码位置、标码信息、标码清晰度等主要工艺参数）

任务五　印刷涂敷

完成电子装联职业技能实训板的印刷涂覆，试样如下图所示。要求：

1. 印刷次数：1 次；
2. 刮刀压力：前：（4±2）kg，后：（4±2）kg；
3. 印刷速度：前：（50±20）mm/s，　后：（50±20）mm/s　；
4. 脱模速度：（2.0±1.0）mm/s　；
5. 钢网自动清洁频率：　第一轮清洗间距：（5±2）pcs/次　；第二轮清洗间距：30 pcs/次。

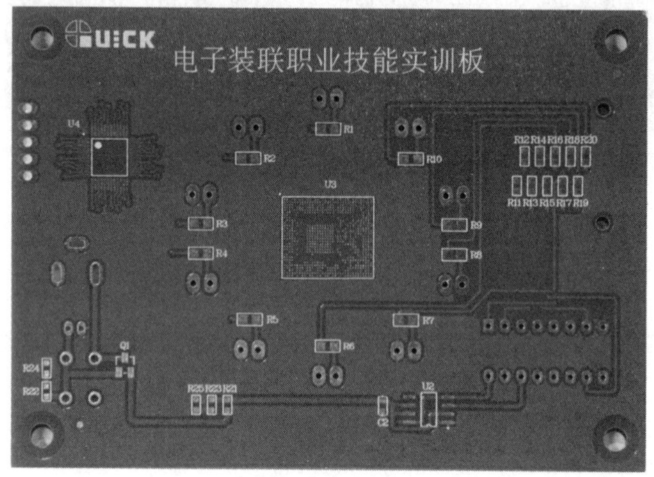

假如该工位由你来完成，请完成以下任务：

1. 根据现场 PCB 类型，选用合适的焊膏材料。（提示：从产品组装要求、产品等级、组装元器件类型等三个方面选择焊膏）

2. 根据上述参数要求，编制印刷程序，并完成印刷。

3. 生产现场印刷机工作时，经常会有锡膏偏移现象，而且偏移量不是一样的，请排查。（提示：从 Mark 点坐标、印刷机精度、设备平稳性等三个方面着手）

4. 分析现场印刷不良的产生原因，调整工艺参数，排除印刷缺陷。（提示：从人、机、料、法、环等五个方面着手）

5. 根据产品特性及印刷工艺，编制印刷涂敷作业指导书。（提示：从操作步骤、注意事项、工具准备、参数设置等四个方面着手）

任务六　印刷检查

电子装联职业技能实训板经过印刷涂敷后，需要进行印刷后的品质检查，试样如下图所示。

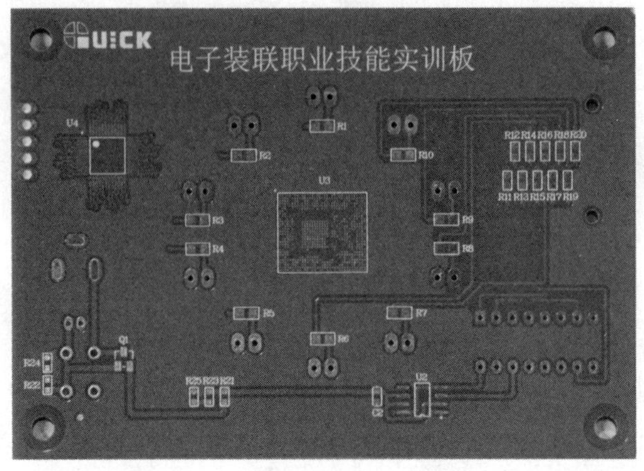

假如该工位由你来完成，请完成以下任务：

1. 编制 SPI 作业指导书。（提示：从操作步骤、注意事项、工具准备、参数设置等四个方面着手）

2. 编辑 SPI 程序，并操作 SPI 设备。

3. 统计分析 SPI 检出不良数据，改善印刷品质。

任务七　元器件贴装

根据电子装联职业技能实训板见下图工艺要求，完成下表元件的贴装任务。

序　号	品　名	位　号	数　量
1	贴片电容 0603-105/环保（1 μF）	C2	1
2	贴片三极管 3904(长电)/环保	Q1	1
3	贴片电阻 0805-511/环保（510 Ω）	R1-R10	10
4	贴片电阻 0603-000/环保（0 Ω）	R11-R20	10
5	贴片电阻 0603-274/环保（270 kΩ）	R22-R25	4
6	贴片 IC/NE555DR/环保	U2	1
7	贴片电阻 0603-513/环保（51 kΩ）	R21	1
8	贴片 IC/HT1621BQ/LQFP48	U4	1

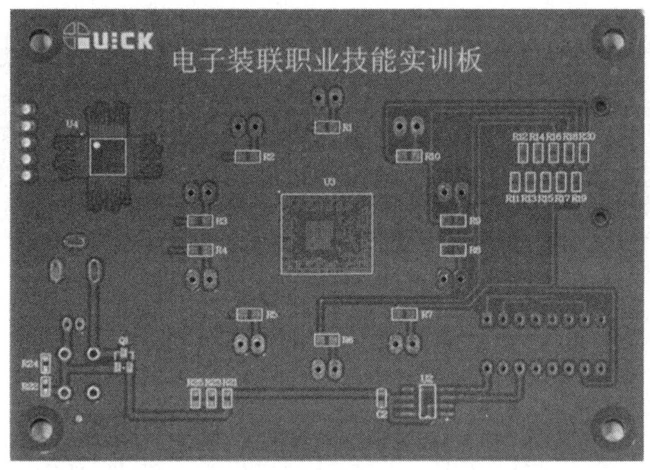

该产品目前流到元器件贴装，假如该工位由你来完成，请完成以下任务：

1. 根据电子装联职业技能实训板，编辑贴片程序并完成贴装作业。

2. 根据电子装联职业技能实训板，编辑贴装作业指导书，设计贴装工艺方案。（提示：从操作步骤、注意事项、工具准备、参数设置等四个方面着手）

3. 收集现场贴装缺陷，并分析缺陷原因，制定优化方案。

任务八　再流焊接

某公司委托我公司组装 1 000 片双面板，尺寸大小为 100 mm × 70 mm，试样如下图所示，SAC305 焊膏，PCB 及相关贴装元器件由该公司提供，其他生产辅材及工装由电子产品制造中心提供。

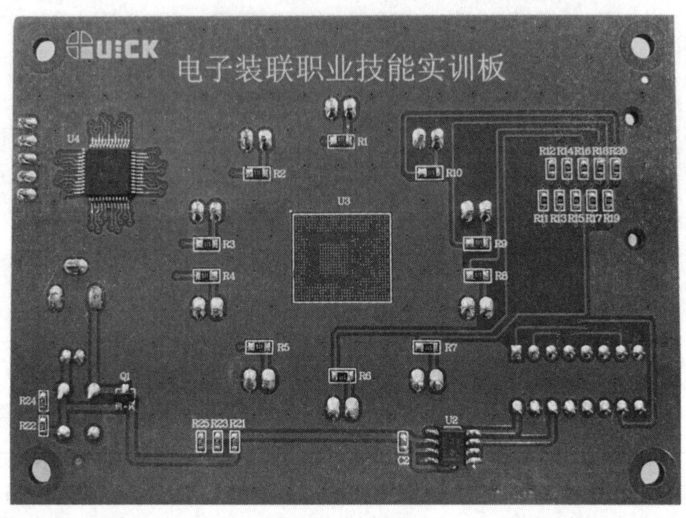

该产品目前流到再流焊接，假如该工位由你来完成，请完成以下任务：

1. 依据产品类型及工艺特点，优化炉温工艺参数，并完成焊接。（提示：从炉温、链速、风机频率等几方面着手）

2. 简述特殊器件的炉温设置方法。（提示：从 CSP、BGA 等几方面着手）

3. 判定焊点不良，并分析产生原因。（提示：从人、机、料、法、环或 8D 手法等几方面着手）

4. 调试炉温参数，排除现场焊接不良。（提示：从物料规格参数、焊膏参数、再流焊炉温度等几方面着手）

5. 根据电子装联职业技能实训板，编辑再流焊作业指导书，设计焊接工艺方案。（提示：

从操作步骤、注意事项、工具准备、参数设置等四个方面着手）

任务九　选择性波峰焊接

某公司委托我公司组装 1 000 片双面板，尺寸大小为 100 mm × 70 mm，试样如下图所示，SAC305 焊膏，PCB 及相关贴装元器件由该公司提供，其他生产辅材及工装由电子产品制造中心提供。

该产品目前流到选择性波峰焊接工位，假如该工位由你来完成，请完成以下任务：

1. 运用在线式选择性波峰焊操作软件的视觉编程系统完成程序编辑，并完成焊接作业。（提示：从焊接点、助焊剂点、Mark 点等几方面着手）

2. 根据不同类型的焊点，设置对应的焊接参数。（从提示：点焊、拖焊等几方面着手）

3. 根据设备保养操作指导书，完成在线选焊的日常保养和维护。（从提示：喷嘴、镜头、锡缸等几方面着手）

4. 根据电子装联职业技能实训板，编辑选择性波峰焊作业指导书，设计焊接工艺方案。（提示：从操作步骤、注意事项、工具准备、参数设置等四个方面着手）

5. 根据现场焊点缺陷原因，提出改善报告。（提示：从人、机、料、法、环或 8D 手法等几方面着手）

任务十　机器人焊接

某公司委托我公司组装 1 000 片单面板，尺寸大小为 100 mm × 70 mm，试样如下图所示，SAC305 焊膏，PCB 及相关贴装元器件由该公司提供，其他生产辅材及工装由电子产品制造中心提供。

该产品目前流到机器人焊接工位，假如该工位由你来完成，请完成以下任务：

1. 综合分析装联任务及焊接元器件特性，编制合适的焊接程序，完成焊接作业。（提示：从产品焊接温度、焊接时间等几方面着手）

2. 根据焊接结果，分析焊点缺陷原因。（提示：从产品类型及使用场合、元器件规格等

几方面着手）

3. 优化焊接参数，排除自动焊锡缺陷，提升焊接良率。（提示：从焊锡丝、烙铁头和加热温度等几方面着手）

4. 制定重点难点管控工艺，编制机器人焊接作业指导书。（提示：从操作步骤、注意事项、工具准备、参数设置等四个方面着手）

任务十一　热压焊接

某公司委托我公司组装 1 000 片单面板，尺寸大小为 100 mm × 70 mm，试样如下图所示，SAC305 焊膏，PCB 及相关贴装元器件由该公司提供，其他生产辅材及工装由电子产品制造中心提供。

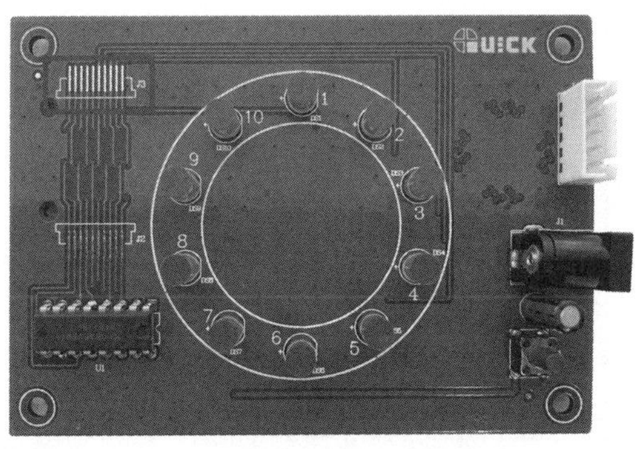

该产品目前流到热压焊接工位，假如该工位由你来完成，请完成以下任务：

1. 根据产品类型，选择合适的热压焊嘴，并将热压焊嘴安装至工作位；按要求进行水平度调整。（提示：从热压焊嘴水平度等几方面着手）

2. 按要求校准温度及机头压力。（提示：从使用压力测试仪与专用温度测试仪等几方面着手）

3. 根据 FPC 特性及基板特性，设定焊接位置、焊接温度曲线、焊接压力等参数，并完成焊接作业。（提示：从根据元器件特性着手）

4. 采集现场焊接曲线。（提示：从测温仪、测温板等几方面着手）

5. 优化热压焊接参数，排除现场热压焊接缺陷。（提示：从热压头形状、热压头压力和温度曲线等几方面着手）

6. 目视焊接品质，判定焊点不良，并分析产生原因。（提示：从人、机、料、法、环或 8D 手法等几方面着手）

任务十二　基板检测

SMT 产线生产 100 块 PCBA 半成品，产品如下图所示，检测要求是检测少锡，漏铜，空焊，短路，以及锡珠。计划使用在线式 AOI 设备完成检测工作。

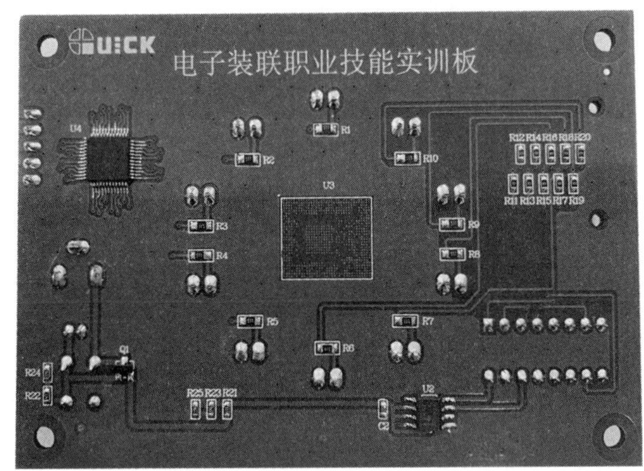

该批产品目前到你手中，假如该工作由你来完成，请完成以下任务：

1. 根据 PCBA 焊接效果以及作业指导书，编辑 AOI 检测程序。

2. 使用 AOI SPC 软件，统计分析不良缺陷数据，找出主要不良现象。（提示：如缺件、短路、翻面、偏移、极反、锡多、少锡等几方面着手）

3. 根据不良现象，优化工艺制程方案，提高直通率。（提示：从印刷、贴片、焊接等几方面着手）

任务十三　基板返修

某公司委托我公司组装 1 000 片双面板，尺寸大小为 100 mm × 70 mm，试样如下图所示，SAC305 焊膏，PCB 及相关贴装元器件由该公司提供，其他生产辅材及工装由电子产品制造中心提供。

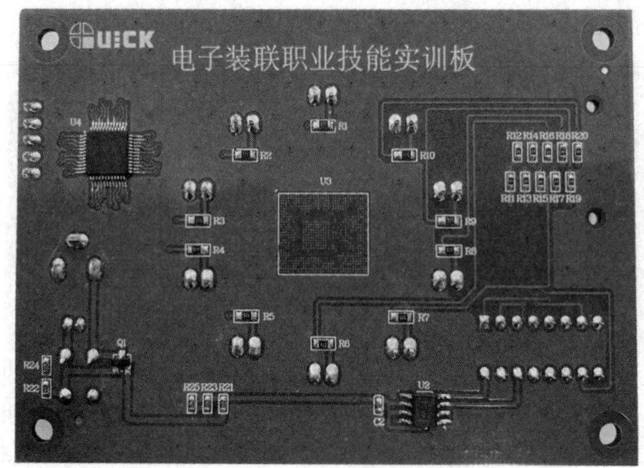

该产品目前流到基板返修工位，假如该工位由你来完成，请完成以下任务：

1. 根据基板类型以及元器件特性，选用不同的返修工具及设备组合。（提示：从预热台、返修台、热风拆焊台等几方面着手）

2. 针对通孔类元器件，正确使用吸锡枪进行拆焊返修。（提示：从温度、元器件规格参数等几方面着手）

3. 针对 QFP、PLCC 等细间距 IC 器件，选用红外热风返修台等工具进行拆焊返修。（提示：从温度、元器件规格参数等几方面着手）

4. 根据芯片焊接不良的现象，优化焊接参数，使用 BGA 返修台，完成芯片的返修作业。（提示：从焊接温度、贴装效果等几方面着手）

任务十四　基板点胶

某公司委托我公司组装双面实训板，尺寸大小为 100 mm × 70 mm，试样如下图所示，现需对部分元件进行点胶补强，增强防跌落能力。

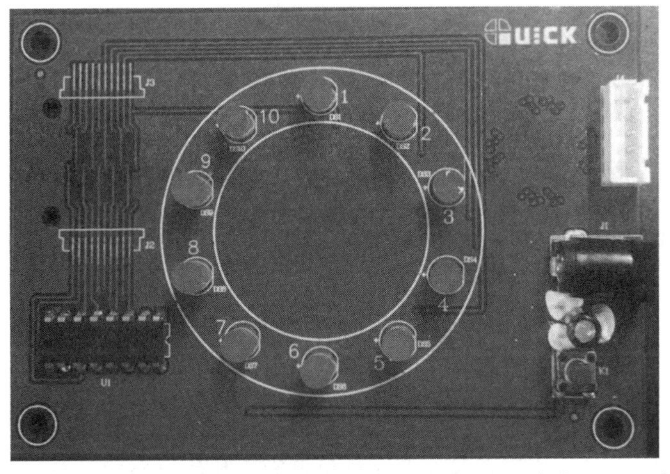

该产品目前流到基板点胶工位，假如该工位由你来完成，请完成以下任务：

1. 根据实训板上需要点胶的元器件，选择合适的胶水和针头。（提示：从产品类型、使用场合、胶的性质、针头类型等四个方面着手）

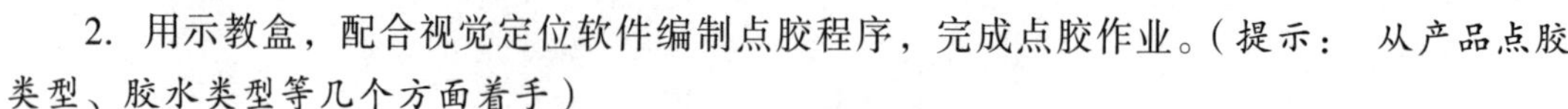

2. 用示教盒，配合视觉定位软件编制点胶程序，完成点胶作业。（提示： 从产品点胶类型、胶水类型等几个方面着手）

3. 判定现场点胶涂敷品质，修改点胶参数，优化点胶方案。（提示：从压力、时间等几个方面着手）

任务十五　基板锁付

某公司委托我公司组装 1 000 片双面板，尺寸大小为 100 mm × 70 mm，试样如下图所示，SAC305 焊膏，PCB 及相关贴装元器件由该公司提供，其他生产辅材及工装由电子产品制造中心提供。

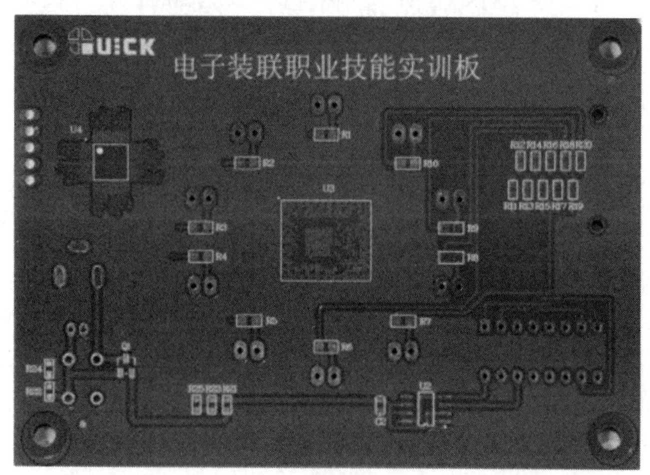

该产品目前流到基板锁付工位，假如该工位由你来完成，请完成以下任务：

1. 根据基板特性及螺丝特性，选择合适的批头、吸嘴以及供料器。

2. 设置电批控制器的扭矩、速度等参数。

3. 配合视觉定位软件完成程序编辑。（提示：从点位坐标方面着手）

4. 优化工艺参数，解决现场锁付缺陷。（提示：从点位坐标、扭矩规格、扭矩大小等几方面着手）

六、理论知识考核试卷样例

姓名：__________ 考号：__________ 单位：__________ 考点名称：__________

电子装联职业技能理论知识考核试卷一

注 意 事 项

1. 首先按要求在试卷的标封处填写您的姓名、考号、单位和考点名称。
2. 请仔细阅读各种题目的回答要求，在规定的位置填写您的答案。
3. 请用蓝色（或黑色）钢笔、圆珠笔答卷，不要在试卷内填写与答案无关的内容。
4. 本试卷满分为 100 分；考试时间为 90 分钟。

题号	一	二	三	四	总分
得分					

得分	
评分人	

一、判断题（每题 1 分，共 20 分。在（　）内打“√”或打“×”）

1.（　　）激光的颜色取决于激光的波长，而波长取决于发出激光的活性物质，即被刺激后能产生激光的那种材料。

2.（　　）静电敏感器件内置静电保护电路可以彻底消除静电损害。

3.（　　）贴片机能够离线编程的机理是除了贴片机与 PCB 的基准点偏移量外其他数据均可利用 PCB 的原始设计数据，实现快速导入，离线编程。

4.（　　）塑封元器件存储时包装袋内应有干燥剂，以及湿度指示卡，不使用时不能开封。

5.（　　）设定再流焊温度曲线时要考虑的因素有很多,一般包括所使用的焊膏特性,再流炉的特性等，但不需要考虑 PCB 板的特性。

6.（　　）热压焊原理是利用脉冲电流流过钼、钛等具有高电阻特性材料时所产生的巨大焦耳热来加热热压焊头，再通过焊头导热熔融 PCB 上已经预置的焊锡进行焊接。

7.（　　）自动点胶机程序编辑完要保存程序并下载到运动控制主板上才可以开始加工。

8.（　　）使用 2DSPI 设备，也能检测出印刷焊膏的高度数值。

9.（　　）AOI 的光源设置对检测结果有重大影响，不同的光源在同一个元件上产生不同的灰阶值。

10.（　　）三维焊膏厚度检测仪属于接触式检测。

得分	
评分人	

二、单项选择题（每题 1 分，共 30 分）

1. 职业健康安全方针中必须包含（　　）承诺。

   A. 持续改进　　B. 持续改进、遵守法规和其他要求

   C. 遵守法规和其他要求　　D. 实现员工要求

2. 请选出正确拿取 PCBA 的状态（　　）。（其中深色表示戴了防静电手套）

   A. 　　B. 

   C.　　D.

3. 原子由原子核和电子构成，其中原子核带什么电荷？电子带什么电荷？（　　）

   A. 正、负　　B. 正、正　　C. 负、正　　D. 负、负

4. 下列哪些元件属于静电敏感元件？（　　）

   A. 电阻　　B.电容　　C.三极管及 IC　　D. 电感

5. 静电电压能够由以下哪种情况产生？（　　）

   A. 摩擦　　B. 感应　　C. 电容改变　　D. A+B+C

6. 激光标刻印记精细，线条可达到（　　）级别。

   A. 厘米　　B. 分米　　C. 微米　　D. 纳米

7. 图示器件的第 1 引脚位于（　　）。

   A. A　　B. B　　C. C　　D. D

8. SPI 是管控 SMT 生产线上的哪一道工艺？（　　）

   A. AOI　　B. 再流焊　　C. 印刷机　　D. 贴片机

9. 影响 SPI 设备检测的最小元件的关键因素是（　　）。

   A. 设备尺寸　　B. 计算机性能　　C. 电机品牌　　D. 3D 能力及分辨率

10. 贴片机贴片元件的原则为（　　）。

   A. 应先贴小零件，后贴大零件　　B. 应先贴大零件，后贴小零件

   C. 可根据贴片位置随意安排　　D. 以上都不是

11. 带式供料器选用依据是（　　）。

A. 物料的宽度　B. 物料封装的步距　C. 物料封装宽度　D. 物料长度

12. 全自动印刷机的对中 CCD 摄像头有几个？可观测几个方向？（　　）

A.1，1　B.1，2　C. 2，2　D. 2，4

13. 评估再流焊炉性能优劣的最重要指标是什么？（　　）

A. 温度控制精度　B. 温度不均匀性　C. 加热温区数　D. 温度曲线重复性

14. 再流焊中焊接时焊接峰值温度持续时间不应超过（　　）。

A. 20 s　B. 30 s　C. 40 s　D. 50 s

15. 蒸发焊膏中的部分水分与溶剂、元件缓慢升温，降低热冲击。属于再流焊中（　　）的作用。

A. 预热区　B. 保温区　C. 焊接区　D. 冷却区

16. 普通 SMT 产品再流焊的预热区升温速度要求是（　　）。

A. <1 ℃/s　B. <5 ℃/s　C. >2 ℃/s　D. <3 ℃/s

17. 下列哪种不良不属于热压焊焊接的不良？（　　）

A. 连锡　B. 虚焊　C. 焊点拉尖　D. 锡珠

18. 以下哪个是选择性波峰焊可能产生的不良？（　　）

A. 少锡　B. 偏移　C. 飞件　D. 翻件

19. AOI 测试系统中有一重要的名词 FOV，下列说法正确的是（　　）。

A. 一个检测程序只能有一个 FOV

B. FOV 是指相机拍取的大图

C. 一个 FOV 可以有多种光源

D. 一个检测程序可以有一个或多个 FOV

20. 在线式 3DSPI 主要检测原理是（　　）。

A. 白光干涉相位　B. 红光干涉相位

C. 白光光栅相位　D. 红光衍射相位

21. 以下计算方法哪个不是 AOI 图像处理的计算方法？（　　）

A. 黑/白　B. 合成　C. 求平均　D. 求乘积

22. BGA 焊接不良的原因不包含以下哪种？（　　）

A. PCB 变形

B. 焊接温度过低

C. PCB 焊盘氧化

D. 焊接辅料选用助焊膏，没有选用印刷焊膏

23. BGA 返修设备的底部预热在整个返修流程中的作用不包含（　　）。

A. 对 PCB 进行温度补偿

B. 减小 PCB 上表面和下表面之间的垂直温差

C. 使 PCB 上焊料达到熔化温度实现整体再流焊接。

D. 减小 PCB 整板和所需返修区域的温差

24. 对于 BGA 元器件，下列哪种不良不能用 AOI 检测出来？（　　）

A. 极性相反　B. 错件　C. 连锡　D. 翻件

25. 点胶简易法则中，哪一项不正确？（　　）

A. 小胶点——小针头，低压力，短的时间间隔

B. 大胶点——大针头，高压力，长的时间间隔

C. 黏稠流体——斜式针头，高压力，足够的时间

D. 水性流体——小针头，低压力，短的时间

26. 以下哪种阀可以用于厌氧胶、瞬间胶、螺丝胶的工艺运用？（　　）

A. 大流体柱塞阀　B. 螺杆阀　C. 喷射阀　D.隔膜阀

27. 气吸式供料机如果导轨送料效率低，应该调以下哪个参数？（　　）

A. 振动幅度　B. 振动时间　C. 滚筒上料时间　D. 计数模式

28. 以下属于点胶耗材的是（　　）。

A. 点胶控制器　B. 固定机构　C. 平台　D. 点胶针头

29. 锁螺丝过程中判断浮锁除了靠角度限制和时间限制外，还可以用激光传感器和位移传感器检测，螺丝机用的 Novotechnik 位移传感器，原理和（　　）类似。

A. 接触器　B. 滑动变阻器　C. 变压器　D. 继电器

30. 以下哪一项不可以使用点胶机进行点胶？（　　）

A. FC、CSP 充填　B. COB 固定

C. 元件返修　D. 测试点固定

得分	
评分人	

三、多项选择题（10 题，每题 1 分，共 10 分：每题的备选答案中，有两个或两以上符合题意的答案，请将其编号填入相应括号内，错选、多选、少选均不得分）

1. 以下哪些是常见的绝缘材料？（　　）

A. 尼龙　B. 木头　C. 硬橡胶　D. 陶瓷

2. 静电具有以下哪些特点？（　　）

A. 高电位、小电量　B. 低电位、大电量

C. 泄漏与放电时间短　D. 受湿度影响较大

3. SPI 可以检测出下列哪些不良？（　　）

A. 印刷偏移　B. 印刷桥连　C. 印刷拉尖　D. 少锡漏印

4. 保证贴装质量的要素有（　　）。

A. 元件正确　B. 位置准确　C. 压力合适　D. 速度合适

5. PI 膜的作用有哪些？（　　）

A. 使焊头与焊接产品绝缘　B. 防止助焊剂对热压头的腐蚀

C. 减震、缓冲　D. 保持热压头清洁

6. 以下哪些是选择焊常见缺陷气泡、气孔产生的原因？（　　）

A. PCB 或引线氧化　B. 预热不足

C. PCB 镀覆孔内壁厚度不均与或断裂　D. PCB 湿度超标

7. 焊点产生气泡的原因有哪些？（　　）

A. 引线与焊盘孔间隙大　　B. 焊锡过多

C. 引线浸润不良　　D. 烙铁撤离角度不当

8. 助焊剂在焊接过程中的作用是（　　）。

A. 除去被焊基体金属表面的锈膜　　B. 降低液态焊料的表面张力

C. 传热　　D. 促进液态焊料的漫流

9. 螺丝滑牙的主要因数是（　　）。

A. 电批扭矩过大，高于于生产工艺要求的螺丝锁付扭矩值

B. 使用螺丝型号不匹配，选用正确的匹配螺丝，并筛选良品螺丝

C. 产品的孔位异常、偏大

D. 产品材料偏软

10. 针嘴与 PCB 的高度是影响胶点外形质量的重要参数，体现在点胶效果上的影响是（　　）。

A. 拉丝　　B. 胶点大小不均匀

C. 污染针头　　D. 胶水滴漏

得分	
评分人	

四、简述题（每题 10 分，共 50 分）

1. 印刷作业控管工艺要点有哪些？

2. 3D SPI 设备编程时，需要对哪些参数进行设置和调整？

3. 分析下列图中为何不良，分析引起该不良的原因及改善对策。

4. 简述气吸式螺丝机螺丝吸取不良的原因。

5. 针对再流焊中的立碑现象，说明一下形成机理。

考点名称：________ 单位：________ 考号：________ 姓名：________

电子装联职业技能理论知识考核试卷二

注 意 事 项

1. 首先按要求在试卷的标封处填写您的姓名、考号、单位和考点名称。
2. 请仔细阅读各种题目的回答要求，在规定的位置填写您的答案。
3. 请用蓝色（或黑色）钢笔、圆珠笔答卷，不要在试卷内填写与答案无关的内容。
4. 本试卷满分为 100 分；考试时间为 60 分钟。

题号	一	二	三	四	总分
得分					

得分	
评分人	

一、判断题（每题 1 分，共 10 分。在（ ）内，打“√”或打“×”）

1.（　　）过滤器中的活性炭成分主要吸附前段过滤中无法去除的化学物质，细菌，有机污染物等。

2.（　　）激光对组织的生物效应是热效应、光化学效应、压强作用、电磁场效应和生物刺激效应。

3.（　　）SPI 设备主要采用的检测原理为灰阶值测试。

4.（　　）贴片机的直线导轨滑动不顺畅，不可能是滑块没有及时更换润滑油或者有杂物。

5.（　　）目前脉冲热压设备主要应用于线缆、软板以及塑料热铆行业，其中以软板产品应用最为广泛。

6.（　　）自动焊接机编程的上抬高度设定：取决于两点之间最高障碍物高度值。

7.（　　）螺丝在拧紧过程中，遵循 50-40-10 规则，即 50%的螺栓头下的摩擦力，40%螺纹副间的摩擦力，10%的夹紧力。

8.（　　）在 PCB 锁付过程中，为减小产生的应力，可以通过预锁和多步锁付策略。

9.（　　）有铅焊锡丝的焊点质量没有无铅焊锡丝的焊点质量好，所有建议用无铅锡丝。

10.（　　）AOI 主要硬件构成包含相机、光源、镜头、运动电机、电脑等。

得分	
评分人	

二、单项选择题（每题 1 分，共 30 分）

1. 原子由原子核和电子构成，其中原子核带什么电荷？电子带什么电荷？（　　）
   A. 正、负　　B. 正、正　　C. 负、正　　D. 负、负
2. 光纤激光打标机激光波长是（　　）。
   A. 1 460 nm　　B. 1 064 μm　　C. 1 064 nm　　D. 1 604 nm

3. 电子元器件的贮存周围环境应无强磁场和电场，30 cm 内不得出现静电压超过(　　)的静电源。

A. 300 V　　B. 200 V　　C. 100 V　　D. 400 V

4. 静电不具有以下哪个特点？（　　）

A. 高电位、小电量　　B. 低电位、大电量

C. 泄漏与放电时间短　　D. 受温度影响大

5. 一次性造成整个器件的失效和损坏，使元器件无法工作，属于静电中的（　　）。

A. 硬击穿　　B. 软击穿　　C. 静电吸附灰尘　　D. 静电噪声

6. 激光标刻印记精细，线条可达到（　　）级别。

A. 厘米　　B. 分米　　C. 微米　　D. 纳米

7. 常见的带宽为 8 mm 的供料器送料间距为（　　）。

A. 3 mm　　B. 4 mm　　C. 5 mm　　D.6 mm

8. 以下哪一项不属于贴片机运作原理的分类？（　　）

A. 同步拾放　　B. 顺序拾放　　C. 流水拾放　　D. 跳件拾放

9. PCB 翘曲规格不应当超过其对角线的（　　）。

A. 0.7%　　B. 1.4%　　C. 2.1%　　D. 2.8%

10. 以下印刷不良现象中，必须将 PCB 清洗后重新印刷的是（　　）。

A. 少锡　　B. 整体偏移　　C. 轻微短路　　D. 轻微漏印

11. 在 3DSPI 设备中，起到主要检测功能的模块是（　　）。

A. 设备主体模块　　B. 3D 头部模块　　C. PCB 传送模块　　D. 电箱模块

12. SPI 设备主要通过什么文件进行编程？（　　）

A. CAD　　B. 钢网 Gerber　　C. BOM　　D. PCB

13. 影响 SPI 设备检测的最小元件关键因素是（　　）。

A. 设备尺寸　　B. 计算机性能　　C. 电机品牌　　D. 3D 能力及分辨率

14. 焊膏印刷的脱膜时间一般控制在（　　）最佳。

A. 1 s　　B. 2 s　　C. 3 s　　D. 时间越长越好

15. 以下哪一种不良不属于印刷工位的不良？（　　）

A. 少锡　　B. 短路　　C. 假焊　　D. 偏位

16. 不属于能够帮助焊点快速升温的措施是（　　）。

A. 降低加热控制器功率　　B. 增大受热面积

C. 预热　　D. 提高焊接温度

17. 需要润湿角较小时，最优工艺是（　　）。

A. Z 轴直接下行　　B. 直线拖焊　　C. “焊点瘦身”功能　　D. “焊点饱满”功能

18. 热压焊设置焊接参数时，设置焊接压力需（　　）焊接坐标位置焊头压力。

A. 大于　　B. 等于　　C. 小于　　D. 以上都不对

19. 焊料与母材的原子互相渗透形成的合金层，简称（　　）。

A. IMC　　B. IMD　　C. IMA　　D. IMB

20. 选择性波峰焊标准锡锅最高温度是（　　）。

A. 300 ℃　　B. 320 ℃　　C. 350 ℃　　D. 400 ℃

21. BGA 返修时，PCB 爆板的原因不包含以下哪个特点？（　　）

A. PCB 湿度过高　　B. 返修时加热温度过高

C. PCB 品质不良　　D. 返修时返修流程中断

22. BGA 返修时，PCB 变形会引起哪种焊接不良现象？（　　）

A. BGA 器件短路或虚焊　　B. BGA 器件冷焊和锡裂

C. BGA 器件损坏　　D. BGA 器件焊盘掉落

23. SMT 炉后出现位号 U10 位置反向 180° ，请问此不良类型问题点出现的工序是（　　）。

A. 贴片机　　B. 再流焊　　C. 印刷机　　D. 镭雕机

24. 拉尖对线路板使用有什么影响？（　　）

A. 不能正常工作　　B. 焊料浪费　　C. 机械强度不足　　D. 容易桥接

25. 以下（　　）图片光源为 AOI 常见光源。

A.

B.

C.

D.

26. AOI 设备主要硬件构成不包含下列哪一项？（　　）

A. 镜头　　B. 温度控制器　　C. 数字相机　　D. 光源

27. 点胶简易法则中，那一项不正确？（　　）

A. 小胶点——小针头，低压力，短的时间间隔

B. 大胶点——大针头，高压力，长的时间间隔

C. 黏稠流体——斜式针头，高压力，足够的时间

D. 水性流体——小针头，低压力，短的时间

28. 螺丝最优的防松策略是（　　）。

A. 增大螺帽直径　　B. 增大螺纹直径

C. 加弹垫　　D. 使用带有螺纹胶的螺丝

29. 在塑料产品锁付过程中，经常会出现浮锁和滑牙，采用哪种拧紧策略比较可靠？（　　）

A. 目标角度　　B. 目标扭矩　　C. 贴合点　　D. 屈服点

30. 在气吹送料过程中，出现螺丝送料吹送不到螺丝夹嘴的情况，应该调节哪个参数？（　　）

A. 吹气时间　　B. 吹气压力　　C. 管道直径　　D. 振动幅度

得分	
评分人	

三、多项选择题（10 题，每题 1 分，共 10 分：每题的备选答案中，有两个或两以上符合题意的答案，请将其编号填入相应括号内，错选、多选、少选均不得分）

1. 印刷后，焊盘上的焊膏明显偏少，严重时候出现焊盘裸露的情况，产生这个缺陷的主要原因有（　　）。

A. 钢网开孔过小　　B. 印刷机擦拭系统异常

C. 印刷参数设置不合适　　D. 焊膏黏度过大

2. 下列哪些属于静电消除的方法？（　　）

A. 使用抗静电材料降低摩擦速度　　B. 导通

C. 中和　　D. 接地

3. 以下哪些属于贴片机的适应性范畴？（　　）

A. PCB 的尺寸　　B. 贴片机的编程能力

C. 贴片机的可调整能力　　D. 贴片速度

4. 当钢网满足如下哪些条件时，需进行报废处理。（　　）

A. 任一点张力不满足：55 N/cm $\geqslant F \geqslant$ 30 N/cm

B. 四角 4 个点的张力差不满足：ΔF<18 N/cm

C. 钢片表面有轻微刮痕

D. 钢片表面有破损

5. SMT 再流焊立碑缺陷产生的原因有哪些？（　　）

A. 元件排列方向的设计有问题。焊膏一旦达到熔点就立即熔化，片式矩形元件的一个端头先达到熔点，焊膏先熔化，具有液态表面张力，而另一端未达到液相温度，焊膏未熔化，只有远小于表面张力的黏接力，使为熔化端的元件端头向上直立

B. 模板漏孔被焊膏堵塞或开口小，会引起漏印的焊膏不一致，焊盘两端的表面张力不平衡，元件会竖起

C. 贴装位置偏移，或元件的厚度设置错误，或贴片头 Z 轴高度过高，贴片时元件从高处掉下造成；或贴装时压力过小，元器件的焊端或引脚浮在焊膏表面

D. 元件的焊端被污染或氧化，或元件端头电极的附着力不好，这样元件两端易于产生不平衡力，产生立碑现象

6. 常用的热压焊焊头按材料划分有哪几种？（　　）

A. 铜合金　　B. 钼合金　　C. 钛合金　　D. 银合金

7. AOI 最主要的组成可分为（　　）部分。

A. 光栅尺　　B. 相机　　C. 工控电脑　　D. 镜头

8. SPC 数据统计有（　　）功能。

A. 查询统计数据　　B. 分析统计不良缺陷数据

C. 对良品和不良品进行分类　　D. 找出 TOP1 缺陷产生的原因

9. 针嘴与 PCB 的高度是影响胶点外形质量的重要参数，体现在点胶效果上的影响是（　　）。

A. 拉丝　　B. 胶点大小不均匀

C. 污染针头　　D. 胶水滴漏

10. 影响螺丝锁付的因素是（　　）。

A. 螺纹类型　　B. 螺丝类型与尺寸

C. 锁付工具　　D. 装配方式

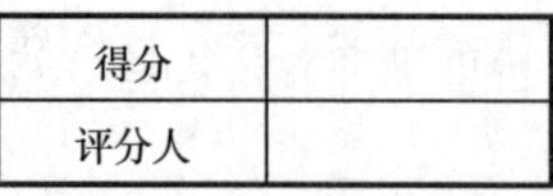

得分	
评分人	

四、简述题（每题 10 分，共 50 分）

1. 印刷作业控管工艺要点有哪些？

2. 3D SPI 设备编程时，需要对哪些参数进行设置和调整？

3. 简述影响通孔填充率因素。

4. 气吸式螺丝机螺丝吸取不良的原因。

5. 根据下图中锡球的形变情况，判定下图中锡球处于何种状态，并通过此状态判定焊锡上的温度大概多少度？

七、操作技能考核试卷样例

电子装联职业技能操作技能考核试卷

姓名：__________认证考号：___________认定等级：__________ 操作时限：150 分钟

结合电子装联职业技能训练板（dzzl-01）和贴装元器件及辅材，如图 1 所示，物料见表 1。按照以下五个工作领域任务的技能认定要求，完成实操作业。

图 1　基板 dzzl-01 示意图

表 1　基板 dzzl-01 物料表

序号	品号	名称	规格型号	位号	封装	用量	备注
1	104H002243	电路板	TestBoard-1+X-线路板-V1.2	PCB	—	1	—
2	105H100073	贴片电阻	0805-511/环保（510 Ω）	R1、R2、R3、R4、R5、R6、R7、R8、R9、R10	0805	10	再流焊
3	105H100055	贴片电阻	0603-000/环保（0 Ω）	R11、R12、R13、R14、R15、R16、R17、R18、R19、R20	0603	10	再流焊
4	105H100020	贴片电阻	0603-274/环保（270 kΩ）	R22、R23、R24、R25	0603	4	再流焊
5	105H100041	贴片电阻	0603-513/环保（51 kΩ）	R21	0603	1	再流焊
6	109H100377	贴片 IC	SC6820/BGA	U3	BGA	1	返修台
7	109H100376	贴片 IC	HT1621BQ/LQFP48	U4	LQFP48	1	再流焊
8	109H100030	贴片 IC	NE555DR/环保	U2	SOP	1	再流焊
9	106H100148	贴片电容	0603-105/环保（1 μF）	C2	0603	1	再流焊

续表

序号	品号	名称	规格型号	位号	封装	用量	备注
10	108H000076	贴片三极管	3904（长电）/环保	Q1	3904	1	再流焊
11	106H300057	插件电容	CD11-25V-476 /环保（47μF）	C1	RB-2.0/5.0	1	选波焊
12	109H100375	插件 IC	CD4017/DIP16	U1	DIP16	1	选波焊
13	111H001512	五芯插座	XH5A/环保/E241222	J4	XH-5A	1	机器人焊
14	111H000373	电源插座	DC-4702.0	J1	DC-005	1	选波焊
15	111H000290	按键开关	DTS-61N/环保	K1	6 mm × 6 mm 插件	1	选波焊
16	104H002243	FPC	双面 FPC	J2、J3	20 mm × 27 mm	1	热压焊

1. 装联准备认证要求

1.1 环境稽核认证要求

针对基板 dzzl-01 贴装任务，请你根据以下考评要求，检查确认生产车间的温度、湿度等环境，是否满足贴装生产要求，检查结果记录到相关检查表中。

在考评员的指引下，检查车间图 2、图 3、图 4 中 A、B、C 三只温湿度仪表的读数，判定哪只表的读数符合车间生产要求，检判结果记录在表 2 中，符合记录打“√”，不符合记录打“×”。针对异常仪表提出改善建议。

图 2 A

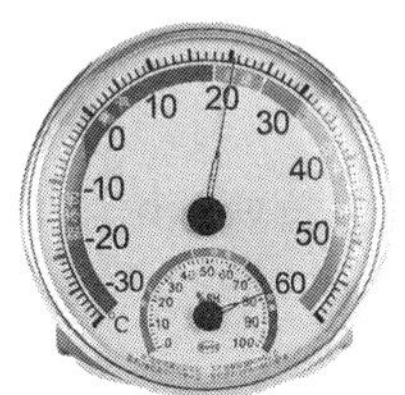

图 3 B

图 4 C

表 2 车间温湿度记录表

序号	事项	A 温湿度仪表	B 温湿度仪表	C 温湿度仪表	得分
1	检查数据				
2	检判结果				
3	改善建议				

1.2 静电防护认证要求

在考评员的指引下，完成以下车间静电防护检查任务，并把检测检查数据、检判结果记录到表 3 中。

1.2.1 在车间指定的返修工位上，抽取 1pcsPCBA，选用合适的检测仪表，检测其表面静电电压，判定其静电是否会影响其性能，有影响记录“是”，无影响记录“否”。

1.2.2 在车间指定返修工位上，戴上静电手腕带，选用合适的检测仪表，测量静电手腕带与地接触状态是否良好，状态良好记录“是”，状态异常记录“否”。

1.2.3　在车间指定返修工位上，查验离子风机所在的位置，能否有效防护工位台面上的待修 PCBA 静电影响，检判结果记录在表 3 中，位置正确记录“是”，位置异常记录“否”。

表 3　车间静电防护查验表

序号	事项	检测数据	检判结果	得分
1	PCBA 表面静电电压测试			
2	静电手腕带与地接触状态检测			
3	离子风机位置检查			

1.3　物料标码认证要求

结合基板 dzzl-01 贴装任务，请查验贴装 BOM，贴装物料准备情况，并为您准备贴装的训练板刻制码标，具体任务如下：

1.3.1　仔细查验考评员给定的 A、B、C 三张物料表，查验结果（　　　）与基板 dzzl-01 贴装物料最相符。（提示：在括号里选 A、B、C 中 1 个）

1.3.2　对照基板 dzzl-01 物料表（见表 1），查验给定的贴装物料是否与其一致，把多出的一个料和缺少的 1 个料记录在表 4 中。多出的料在检判结果栏记录“是”，缺少的料在检判结果栏记录“否”。

表 4　贴装物料查验记录表

序号	物料名称	规格型号	封装	检判结果	得分
1					
2					

1.4　基板打码认证要求

在给定的 1PCS 基板 dzzl-01 正面的右上角处，用激光打码机，打印含有您个人信息的二维码，要求：

（1）二维码尺寸“4 × 4”；

（2）打印位置如图尺寸如图 5 所示；

（3）二维码标识 dzzl-01-学号；

如样例“dzzl-01-SDdzgc1001”。

（4）扫码显示信息清晰、准确。

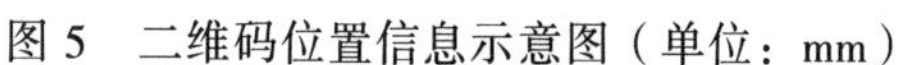

图 5　二维码位置信息示意图（单位：mm）

2. 基板贴装认证要求

2.1　印刷涂敷认证要求

依据基板 dzzl-01 贴装任务要求，完成以下锡膏印刷任务。

2.1.1　锡膏印刷工位回温架置放已回温好的锡膏，选择合适的锡膏型号，并且依次填写回温时间、开封时间，打开选定锡膏，用搅刀搅拌锡膏，确认搅拌效果，并把确认选用锡膏号和确认搅拌好锡膏效果记录在表 5 中。

表 5　锡膏选用记录表

锡膏型号	填写回温时间、开封时间	确认锡膏搅拌效果	得分

2.1.2　按下述要求完成相关任务

调用出基板 dzzl-01 锡膏印刷程序，优化印刷参数；考评员确认印刷程序正确后，完成印刷，并把主要信息记录在表 6 中。

表 6　基板 dzzl-01 锡膏印刷程序参数记录表

序号	印刷参数	记录数据	得分
1	基板尺寸	长（___）　宽（___）	
2	Mark 点坐标	X1（_）Y1（_）X2（_）Y1（_）	
3	刮刀压力	（___）	
4	刮刀速度	（___）	
5	脱模距离	（___）	
6	脱模速度	（___）	
7	印刷品质		

2.1.3　按下述要求完成相关任务

根据作业指导书编写规则，按要求完善印刷涂敷作业指导书，如图 6 所示，将需要填充的内容填入表 7 中。

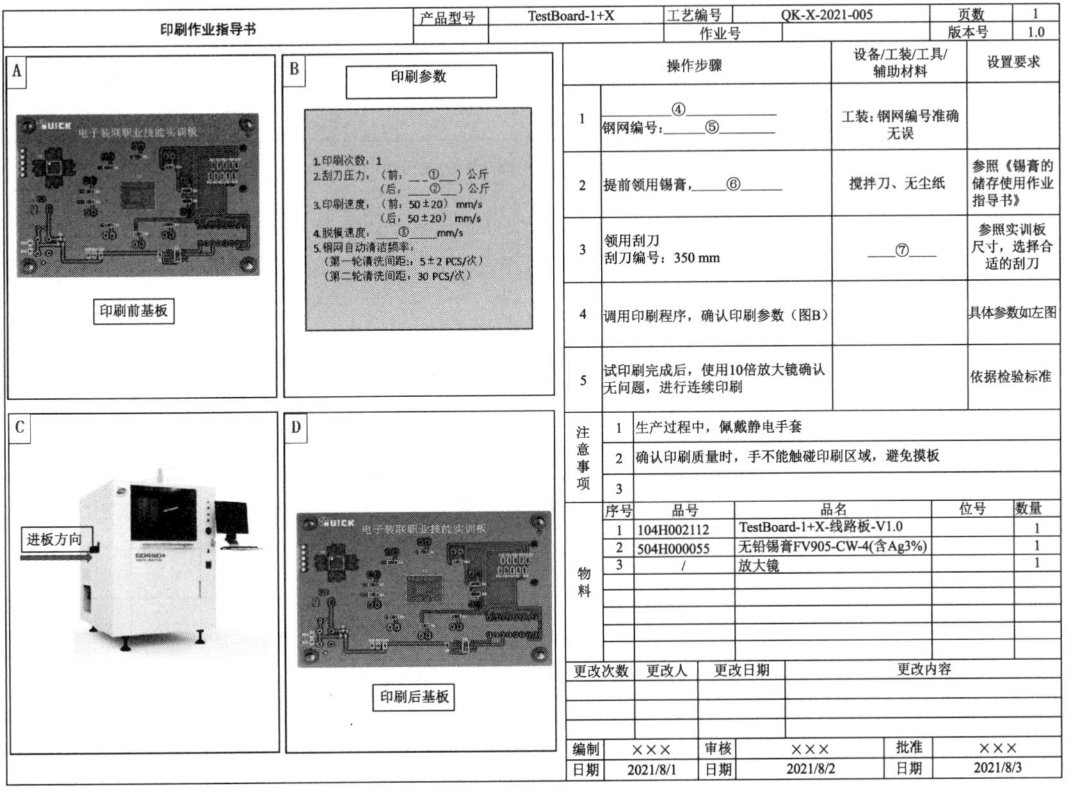

印刷作业指导书	产品型号	TestBoard-1+X	工艺编号	QK-X-2021-005	页数	1
			作业号		版本号	1.0

A：印刷前基板

B：印刷参数
1.印刷次数：1
2.刮刀压力：（前：___①___）公斤
（后：___②___）公斤
3.印刷速度：（前：50±20）mm/s
（后：50±20）mm/s
4.脱模速度：___③___mm/s
5.钢网自动清洁频率：
（第一轮清洗间距：5±2 PCS/次）
（第二轮清洗间距：30 PCS/次）

C：进板方向

D：印刷后基板

	操作步骤	设备/工装/工具/辅助材料	设置要求
1	___④___ 钢网编号：___⑤___	工装：钢网编号准确无误	
2	提前领用锡膏，___⑥___	搅拌刀、无尘纸	参照《锡膏的储存使用作业指导书》
3	领用刮刀 刮刀编号：350 mm	___⑦___	参照实训板尺寸，选择合适的刮刀
4	调用印刷程序，确认印刷参数（图B）		具体参数如左图
5	试印刷完成后，使用10倍放大镜确认无问题，进行连续印刷		依据检验标准

注意事项：
1　生产过程中，佩戴静电手套
2　确认印刷质量时，手不能触碰印刷区域，避免摸板
3

物料：

序号	品号	品名	位号	数量
1	104H002112	TestBoard-1+X-线路板-V1.0		1
2	504H000055	无铅锡膏FV905-CW-4(含Ag3%)		1
3	/	放大镜		1

更改次数	更改人	更改日期	更改内容

编制	×××	审核	×××	批准	×××
日期	2021/8/1	日期	2021/8/2	日期	2021/8/3

图 6　印刷涂敷作业指导书

表 7　印刷涂敷作业指导书编写记录表

序号	提示	内容	得分
1	刮刀压力		
2	刮刀速度		
3	脱模速度		
4	钢网领用流程		
5	钢网命名编号		
6	锡膏回温流程		
7	配件		

2.2　印刷检查认证要求

依据基板 dzzl-01 印刷检查任务要求，完成以下印刷检查任务。

2.2.1　导入基板 dzzl-01 的 Gerber 文件。设置钢网参数，按生产工艺流程编辑 Gerber 文件，其主要信息记录在表 8 中。

表 8　基板 dzzl-01 钢网开孔记录表

序号	内容	信息记录	得分
1	钢网厚度		
2	Gerber 名称		
3	CAD 文件名称		

2.2.2　设定检测程序 Mark 点，并且完成调试校准，记录其主要信息于表 9 中。

表 9　基板 dzzl-01Mark 点相关信息记录表

序号	Mark1	Mark2	得分
1	光源选择 ________	光源选择 ________	
2	角度光源 ________	角度光源 ________	
3	环形光源 ________	环形光源 ________	
4	同轴光源 ________	同轴光源 ________	

2.2.3　设定检测程序焊盘参数，并完成检测，其主要信息记录在表 10 中。

表 10　基板 dzzl-01 焊盘相关信息记录表

序号	位号 1	位号 2	得分
1	体积 ________	体积 ________	
2	面积 ________	面积 ________	
3	高度 ________	高度 ________	
4	位置偏移 ________	位置偏移 ________	
5	露铜比________	露铜比________	

2.3 元器件贴装认证要求

依据基板 dzzl-01 元器件贴装任务要求，完成以下元器件贴装任务。

2.3.1 按照考评员指定的某 2 个元器件（如 C2、U2），完成元件信息的制作、贴装信息的制作，并完成程序优化，并将贴装效果图记录在表 11 中。

表 11 程序制作信息记录表

信息事项	元器件 1	元器件 2	得分
元器件贴装效果照片			

2.3.2 （一）补全表 12 中贴片缺陷名称。

表 12 贴片缺陷判定记录表

序号	贴片缺陷图形	缺陷名称	得分
1			
2			
3			
4			
5			
6			

2.3.2 （二）目视检查给定的某基板局部贴片示意图，判定缺陷名称，并将分析原因记录在表 13 中。

表 13 贴片缺陷判定与原因分析记录表

		得分
R29	贴片缺陷：________ 缺陷成因 成因 1：____________ 成因 2：____________ 成因 3：____________	

2.3.3 根据作业指导书编写规则，按要求完善元器件贴装作业指导书，如图 7 所示，将需要填充的内容填入表 14 中。

贴片作业指导书	产品型号	TestBoard-1+X	工艺编号	QK-X-2021-006	页数	1
			作业号	NA175-ZB1-01/05	版本号	1.0

A

B

电子装联职业技能实训板

产品示意图

C

U2贴装方向

U2

D

U4贴装方向

U4

操作步骤		设备/工装/工具/辅助材料	设置要求
1	根据物料表，再次核对PCB型号是否正确根据料站表，核对元器件		准确无误
2	调用程序：1+X		准确无误
3	试贴片完成后，____①____		注意缺件，偏移等
4	参照图C和图D确认元件极性		____②____

注意事项		
	1	生产过程中，佩戴____③____
	2	确认贴装首件时，手不能触碰贴装，避免摸板
	3	

物料	序号	品号	品名	位号	数量
	1	104H002112	TestBoard-1+X-线路板-V1.0		1
	2	106H100148	贴片电容0603-105/环保(1 μf)	C2	1
	3	108H000076	贴片三极管3904(长电)/环保	Q1	1
	4	105H100073	贴片电阻0805-511/环保(510 Ω)	R1～R10	_④_
	5	105H100055	贴片电阻0603-000/环保(0 Ω)	R11～R20	10
	6	105H100020	贴片电阻0603-274/环保(270 kΩ)	R22～R25	4
	7	109H100030	贴片IC/NE555DR/环保	U2	1
	8	105H100041	贴片电阻0603-513/环保(51 kΩ)	R21	1
	9	109H100376	贴片IC/HT1621BQ/LQFP48	U4	1

更改次数	更改人	更改日期	更改内容

编制	×××	审核	×××	批准	×××
日期	2021/7/10	日期	2021/8/2	日期	2021/8/3

图 7 元器件贴装作业指导书

表 14　元器件贴装作业指导书编写记录表

序号	提示	内容	得分
1	首件检查		
2	极性要求		
3	静电要求		
4	元件数量		

3. 基板焊接认证要求

3.1　再流焊接认证要求

依据基板 dzzl-01 焊接任务要求，完成以下再流焊接任务。

3.1.1　在考评员的指引下，针对基板 dzzl-01 上元器件种类及分布，请你编辑再流焊程序，并将主要参数记录在表 15 中。

表 15　再流焊程序主要参数记录表

序号	事项	内容								得分
1	炉温设置									
2	链速设置									

3.1.2　表 16 图（a）显示的是打开炉子，调用基板 dzzl-01 的设定的炉温曲线待检示意图，请你使用专用炉温测试仪和炉温测试板，测试炉温，检查该炉温曲线是否符合基板 dzzl-01 要求，若不符合，请调试改善，并将设定的炉温参数，以及调试后的炉温曲线拍照记录在表 16 图（b）处。

表 16　炉温曲线改善记录表

图（a）待检炉温曲线	焊接温度：____ 基板传送速度：______ 图（b）确认炉温曲线	得分

3.1.3　根据作业指导书编写规则，按要求完善再流焊作业指导书，如图 8 所示，将需要填充的内容填入表 17 中。

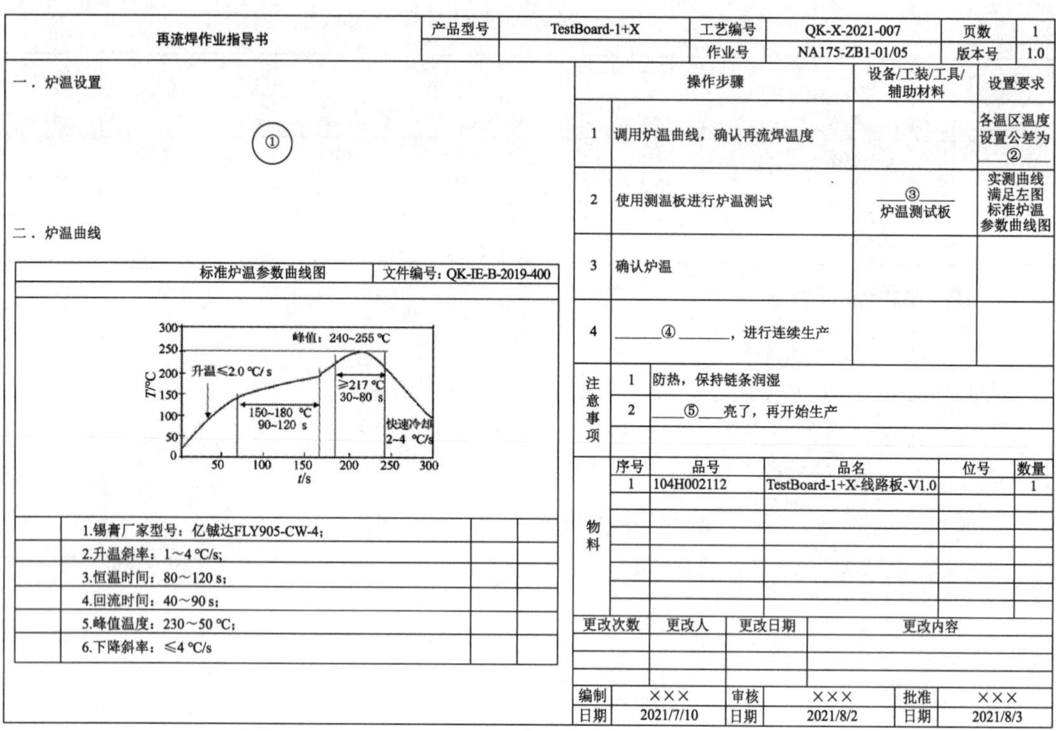

再流焊作业指导书	产品型号	TestBoard-1+X	工艺编号	QK-X-2021-007	页数	1
			作业号	NA175-ZB1-01/05	版本号	1.0

一．炉温设置

①

二．炉温曲线

标准炉温参数曲线图	文件编号：QK-IE-B-2019-400

	1.锡膏厂家型号：亿铖达FLY905-CW-4;		
	2.升温斜率：1~4 ℃/s;		
	3.恒温时间：80~120 s;		
	4.回流时间：40~90 s;		
	5.峰值温度：230~50 ℃;		
	6.下降斜率：≤4 ℃/s		

操作步骤		设备/工装/工具/辅助材料	设置要求
1	调用炉温曲线，确认再流焊温度		各温区温度设置公差为___②___
2	使用测温板进行炉温测试	___③___ 炉温测试板	实测曲线满足左图标准炉温参数曲线图
3	确认炉温		
4	______④______，进行连续生产		

注意事项		
	1	防热，保持链条润湿
	2	____⑤____亮了，再开始生产

物料	序号	品号	品名	位号	数量
	1	104H002112	TestBoard-1+X-线路板-V1.0		1

更改次数	更改人	更改日期	更改内容

编制	×××	审核	×××	批准	×××
日期	2021/7/10	日期	2021/8/2	日期	2021/8/3

图 8　再流焊作业指导书

表 17　再流焊作业指导书编写记录表

序号	提示	内容	得分
1	炉温设置		
2	温差设置		
3	炉温测试工具		
4	生产流程		
5	注意事项		

3.2　选择性波峰认证要求

分析基板 dzzl-01 中 C1、U1、J1、K1、DS1、DS2、DS3、DS4、DS5、DS6、DS7、 DS8、DS9、DS10 等焊点特征，完成以下选择性波峰焊接任务。

3.2.1　设定正确的选择波峰焊接炉温参数，并记录在表 18 中。

表 18　选择性波峰焊接炉温参数记录表

序号	设定参数	参数值	得分
1	预热温度		
2	传输速度		
3	波峰温度		
4	波峰波高		

3.2.2　编辑焊点焊接轨迹，并拍照记录在表 19 中。

表 19　选择性波峰焊接焊点轨迹曲线记录表

	得分
（选择性波峰焊接焊点轨迹曲线）	

3.2.3　在考评员的指引下，根据选择性波峰焊操作保养作业指导书完成选择性波峰焊的日常保养，并将保养效果图记录在表 20 中。

表 20　选择性波峰焊日常保养信息记录表

序号	保养项目	保养效果	得分
1	相机		
2	锡缸		
3	喷嘴		

3.3　机器人焊接认证要求

分析基板 dzzl-01 中 J4 焊点特征，完成以下机器人焊接任务。

3.3.1　根据 J4 焊点特征，设定机器人焊接参数，并记录在表 21 中。

表 21　焊接机器人焊接参数记录表

焊接参数	设定值	得分
1 次高度		
1 次送料		
1 次延时		
2 次高度		
2 次送料		
2 次延时		
3 次高度		
3 次送料		
3 次延时		

3.3.2　启动机器人焊接程序，焊接 J4，查验焊点品质，确认焊点质量完好后，拍照记录于表 22 中。如有不良现象，请分析不良原因，并将不良原因记录在表 22 中。

表 22　机器人焊接 J4 焊点效果记录表

	得分
（J4 焊点焊接效果图）	
不良原因 1：________________ 不良原因 2：________________ 不良原因 3：________________	

3.3.3　根据作业指导书编写规则，按要求完善机器人焊接作业指导书，如图 9 所示，将需要填充的内容填入表 23 中

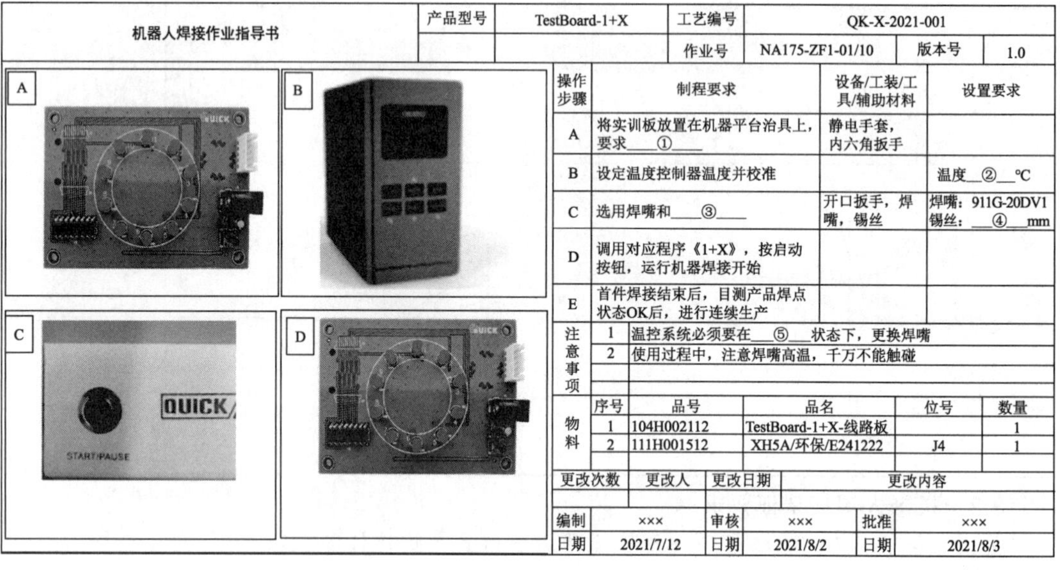

机器人焊接作业指导书	产品型号	TestBoard-1+X	工艺编号	QK-X-2021-001		
			作业号	NA175-ZF1-01/10	版本号	1.0

操作步骤	制程要求	设备/工装/工具/辅助材料	设置要求
A	将实训板放置在机器平台治具上，要求____①____	静电手套，内六角扳手	
B	设定温度控制器温度并校准		温度__②__℃
C	选用焊嘴和____③____	开口扳手，焊嘴，锡丝	焊嘴：911G-20DV1 锡丝：___④___mm
D	调用对应程序《1+X》，按启动按钮，运行机器焊接开始		
E	首件焊接结束后，目测产品焊点状态OK后，进行连续生产		

注意事项		
	1	温控系统必须要在___⑤___状态下，更换焊嘴
	2	使用过程中，注意焊嘴高温，千万不能触碰

物料	序号	品号	品名	位号	数量
	1	104H002112	TestBoard-1+X-线路板		1
	2	111H001512	XH5A/环保/E241222	J4	1

更改次数	更改人	更改日期	更改内容

编制	×××	审核	×××	批准	×××
日期	2021/7/12	日期	2021/8/2	日期	2021/8/3

图 9　机器人焊接作业指导书

表 23　机器人焊接作业指导书编写记录表

序号	提示	内容	得分
1	操作指引		
2	温度设置		
3	焊接耗材		
4	锡丝直径		
5	生产流程		

3.4　热压焊接认证要求

分析基板 dzzl-01 中 J2/J3 焊点特征，完成以下热压焊接任务。

3.4.1　热压焊接工位上放置了热压头，请你根据设备操作规范，将热压头安装到热压焊

工作位置，并使用专用治具，校准热压头水平度，热压头温度以及压力，并将效果拍照记录在表 24 中。

表 24　热压焊热压头安装校准效果记录表

校准温度：____校准压力：________ （热压焊热压头安装）	得分

3.4.2　根据焊点特征以及工艺流程设置焊接温度曲线、焊接压力，并且操作热压焊完成 FPC 焊接，并将焊接效果拍照记录在表 25 中。

表 25　热压焊接参数设置及焊接效果记录表

高温设置：____________低温设置：__________焊接压力：__________ （热压焊接效果图）	得分

3.4.3　目视检查给定的某基板局部热压焊接示意图，判定缺陷名称，并将分析原因记录在表 26 中。

表 26　热压焊接缺陷判定与原因分析记录表

	热压焊缺陷：________ 缺陷成因 成因 1：____________ 成因 2：____________ 成因 3：____________	得分

4. 基板检修认证要求

4.1　基板检测认证要求

依据基板 dzzl-01 焊接任务要求，完成以下检测任务。

4.1.1　打开 AOI 新建，制作 dzzl-01 基板的 Mark 点，制作完毕，其效果图拍照记录在表 27 中。

表 27　dzzl-01 基板 Mark 点记录表

  （dzzl-01 基板 Mark 点图）	得分

4.1.2　对 LQFP48 器件注册，制作完毕，其效果图拍照记录在表 28 中。

表 28　LQFP48 器件注册信息记录表

	得分
（LQFP48 器件注册信息图）	

4.1.3　使用 AOI SPC 软件，统计分析不良数据，找出 TOP1 缺陷产生的原因，请你将结果记录在表 29 中。

表 29　焊点缺陷品检记录表

不良现象	缺陷原因	得分

4.1.4　根据找出的原因，优化工艺制程方案，降低对应不良类型的缺陷率，将改善方案记录在表 30 中。

表 30　焊点缺陷优化方案记录表

序号	工艺段	改善方案	得分
1	印刷涂敷	①__________ ②__________ ③__________	
2	元件贴装	①__________ ②__________ ③__________	
3	再流焊	①__________ ②__________ ③__________	

4.2　基板返修认证要求

图 10 是待返修的 dzzl-01 基板，请你针对返修标记元器件，完成以下返修任务。

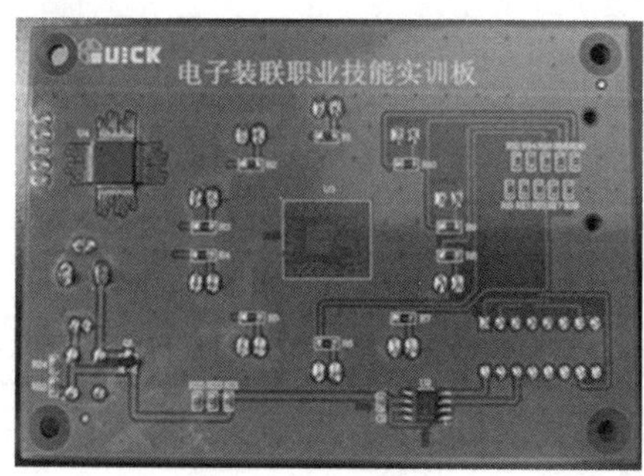

图 10　待返修基板

4.2.1　在返修工位上，用电烙铁或其他工具，从标号 A、B、C 烙铁头中，从标号 1、2、3 焊锡丝中，分别选用最合适的烙铁头和锡丝，返修位号 C2 元件，返修过程记录在表 31 中。

表 31　C2 元件返修信息记录表

选用烙铁头	选用焊锡丝	C2 返修后效果图	得分

4.2.2　在返修工位上，用热风枪或其他返修工具，从标号 A、B、C 焊嘴中，从标号 1、2、3 焊锡丝中，分别选用最合适的焊嘴和锡丝，返修位号 U2 器件，返修过程记录在表 32 中。

表 32　U2 返修信息记录表

选用焊嘴	选用焊锡丝	热风枪温度	热风枪风速	U2 返修后效果图	得分

4.2.3　在返修工位上，放置有带 BGA 的 dzzl-01 基板，检查发现，该 BGA 焊点出现虚焊现象，请用工位上现有的治具和辅材和 BGA 专用返修台，返修该 BGA 焊点，解决虚焊现象，并按表 33 要求记录主要返修环节。

给定治具及主辅材料：治具；焊锡球，1 瓶；免清洗助焊膏，1 支。

表 33　U3 返修主要环节记录表

序号	返修环节	作业要求	效果图片	得分
1	焊接曲线			
2	拆卸			
3	植球			
4	焊接			
5	检查			

5. 基板装联认证要求

5.1　焊点补强认证要求

依据基板 dzzl-01 焊接任务要求，完成 C1 元件补强任务。

5.1.1　分析 C1 元件特征，使用视觉定位软件完成 dzzl-01 点胶程序，优化调试该点胶程序，其主要参数记录在表 34 中。

表 34　点胶参数记录表

点胶参数	设定值	得分
点胶压力		
点胶时间		
点胶速度		
点胶高度		

5.1.2 针对 C1 元件焊点补强，请正确选用针头、胶筒和胶水，选择结果记录表 35 中。

给定附件及主辅材料：针头，A 号、B 号、C 号各 1 个；胶筒，1 号、2 号、3 号各 1 支；口述胶水的选择。

表 35 点胶信息记录表

序号	点胶信息	作业效果	得分
1	针头选择		
2	胶筒选择		
3	胶水选择		

5.1.3 用自动点胶机，实施 C1 元件补强作业，点胶效果拍照记录在表 36 中。

表 36 点胶效果记录表

	得分
（点胶效果图）	

5.1.4 表 37 是给定的某一 PCBA 局部焊点胶水补强示意图，检查判定胶点缺陷类型，记录在表 37 中，并分析胶点缺陷产生主要原因有哪些？

表 37 PCBA 选择性波峰焊接局部焊点焊接缺陷分析记录表

		得分
	胶点缺陷：______ 缺陷成因 成因 1：______ 成因 2：______ 成因 3：______ ……	

5.2 基板锁付认证要求

图 11 是待锁付基板 dzzl-01 示意图，锁付位置为 H1、H2、H3、H4，请完成以下锁付任务。

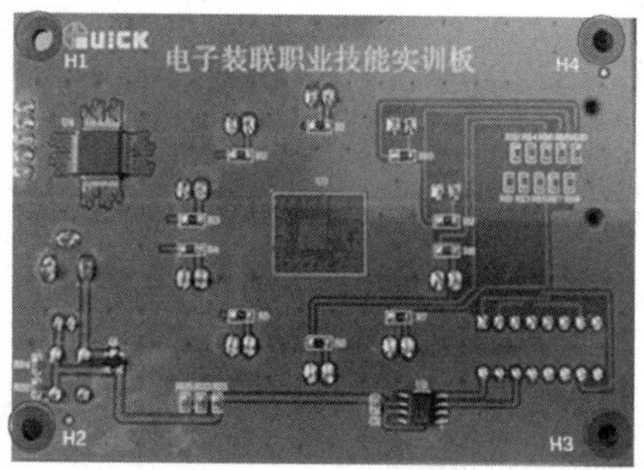

图 11 待锁付基板

5.2.1 分析基板结构及锁付位置特征，从给定的批头、吸嘴、吸嘴组件中，选用最适合规格，安装到锁付机器人上，安装效果图拍照记录在表 38 中。

给定材料：批头，A1、A2 号、A3 号各 1 个；吸嘴，B1 号、B2 号、B3 号各 1 个；吸嘴组件，C1、C2、C3 各 1 支。

表 38　锁付机器人批头、吸嘴、吸嘴组件记录表

名称	选用	得分
批头		
吸嘴		
吸嘴组件		
（安装效果图）		

5.2.2　调用基板 dzzl-01 智能电批参数，查验优化，确认参数记录在表 39 中。

表 39　智能电批参数设定记录表

序号	参数名称		确认值	得分
1	寻帽步骤	速度		
		角度		
2	角度步骤	速度		
		角度		
3	扭矩步骤	扭矩		
4	拧松设置	反转转矩		

5.2.3　表 40 是一个锁付局部示意图，判定该锁付缺陷名称，分析其原因以及提出改善建议。

表 40　局部锁付缺陷分析记录表

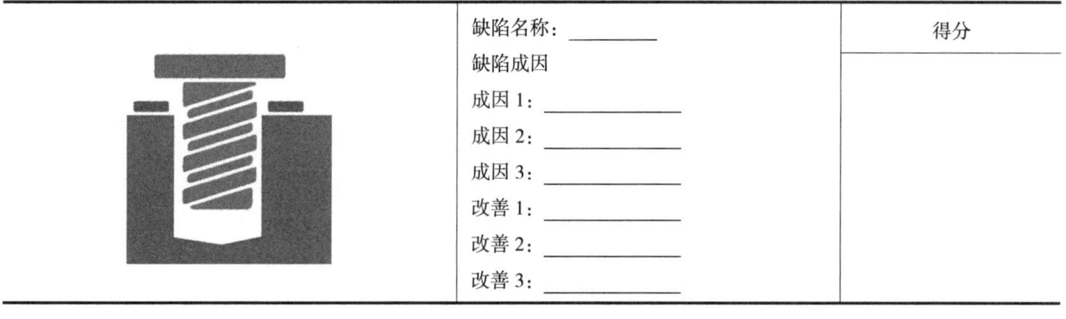

	缺陷名称：________ 缺陷成因 成因 1：____________ 成因 2：____________ 成因 3：____________ 改善 1：____________ 改善 2：____________ 改善 3：____________	得分

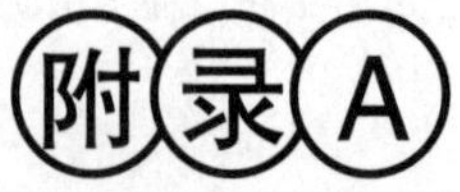

附录A 理论知识考核试题答案

（一）判断题

工作领域一　装联准备

1. √	2. ×	3. √	4. ×	5. ×
6. √	7. √	8. ×	9. ×	10. ×
11. √	12. √	13. √	14. √	15. √
16. √	17. √	18. √	19. ×	20. √
21. √	22. ×	23. √	24. √	25. ×
26. √	27. √	28. √	29. √	30. ×
31. √	32. √	33. √	34. √	35. √
36. √	37. √	38. √	39. √	40. √
41. √	42. ×			

工作领域二　基板贴装

1. √	2. √	3. √	4. √	5. ×
6. √	7. √	8. ×	9. ×	10. ×
11. √	12. ×	13. √	14. ×	15. ×
16. √	17. ×	18. ×	19. √	20. ×
21. √	22. √	23. ×	24. ×	25. ×
26. ×	27. √	28. √	29. √	30. √
31. ×	32. ×	33. √	34. √	35. √
36. ×	37. √	38. ×	39. ×	40. ×
41. √	42. ×	43. √	44. √	45. √
46. √	47. ×	48. ×	49. √	50. ×
51. ×	52. √	53. √	54. ×	55. √
56. ×	57. ×	58. ×	59. √	60. ×
61. ×	62. √	63. √	64. ×	65. ×
66. √	67. √	68. ×	69. √	70. √
71. ×	72. ×	73. ×	74. √	75. √
76. √	77. √	78. ×	79. ×	80. ×
81. √	82. ×	83. ×	84. √	85. √

86. √　87. ×　88. √

工作领域三　基板焊接

1. ×　2. √　3. √　4. √　5. √
6. √　7. √　8. √　9. ×　10. √
11. √　12. √　13. √　14. √　15. ×
16. √　17. ×　18. ×　19. √　20. ×
21. √　22. √　23. √　24. ×　25. √
26. √　27. ×　28. √　29. √　30. ×
31. ×　32. ×　33. ×　34. ×　35. ×
36. √　37. √　38. √　39. √　40. √
41. ×　42. ×　43. ×　44. √　45. √
46. √　47. ×　48. ×　49. √　50. ×
51. √　52. √　53. ×　54. √　55. ×
56. ×　57. ×　58. ×　59. ×　60. √
61. √　62. ×　63. ×　64. ×　65. ×
66. √　67. ×　68. ×　69. ×　70. √
71. ×　72. √　73. √　74. ×　75. √
76. √　77. √　78. ×　79. √　80. √
81. √　82. √　83. ×　84. ×

工作领域四　基板检修

1. √　2. ×　3. √　4. √　5. ×
6. √　7. ×　8. ×　9. √　10. √
11. √　12. √　13. ×　14. √　15. √
16. √　17. ×　18. √　19. √　20. ×
21. √

工作领域五　基板装联

1. √　2. ×　3. √　4. ×　5. ×
6. ×　7. ×　8. √　9. √　10. ×
11. √　12. √　13. √　14. √　15. √
16. √　17. ×　18. √

（二）单项选择题

工作领域一　装联准备

1. B　2. A　3. A　4. B　5. C
6. D　7. C　8. C　9. A　10. A
11. A　12. B　13. D　14. D　15. D
16. B　17. C　18. C　19. A　20. C
21. B　22. D　23. D　24. B　25. C

26. D　27. D

工作领域二　基板贴装

1. C　2. A　3. D　4. D　5. C
6. D　7. A　8. D　9. C　10. B
11. C　12. D　13. A　14. A　15. A
16. A　17. D　18. C　19. C　20. C
21. B　22. A　23. B　24. A　25. B
26. D　27. D　28. A　29. C　30. D
31. D　32. A　33. B　34. B　35. C
36. C　37. B　38. B　39. A　40. B
41. D　42. D　43. A　44. B　45. A
46. D　47. C　48. A　49. C　50. C
51. D　52. D　53. B　54. C　55. D
56. D　57. A　58. B　59. B　60. D
61. D　62. A　63. D　64. D　65. C
66. D　67. B　68. D　69. C　70. C
71. B　72. B　73. D　74. D　75. B
76. D　77. D　78. C　79. B　80. C
81. D　82. D　83. D

工作领域三　基板焊接

1. D　2. D　3. D　4. D　5. A
6. B　7. D　8. A　9. A　10. A
11. B　12. C　13. C　14. C　15. C
16. D　17. D　18. C　19. B　20. C
21. B　22. C　23. A　24. B　25. D
26. B　27. D　28. B　29. A　30. A
31. C　32. B　33. D　34. D　35. B
36. C　37. D　38. A　39. B　40. D
41. A　42. B　43. B　44. A　45. A
46. B　47. A　48. A　49. B　50. A
51. C　52. B　53. B　54. A　55. A
56. A　57. B　58. A　59. B　60. B
61. C　62. B　63. C　64. B　65. A
66. C　67. C　68. D　69. C　70. B
71. A　72. C　73. C　74. B　75. C

工作领域四　基板检修

1. A　2. D　3. C　4. A　5. D
6. B　7. C　8. A　9. A　10. D
11. A　12. B　13. C　14. B　15. D

16. A	17. D	18. D	19. A	20. A
21. C	22. A	23. D	24. C	25. A
26. C	27. A	28. D	29. C	30. B
31. A	32. C	33. B	34. D	35. D
36. C	37. D	38. D	39. B	40. C

工作领域五　基板装联

1. C	2. D	3. B	4. D	5. C
6. C	7. D	8. B	9. C	10. D
11. D	12. A	13. B	14. C	15. B
16. A	17. D	18. A	19. A	20. D
21. C	22. B	23. D	24. C	25. B

（三）多项选择题

工作领域一　装联准备

1. ABC	2. ABCD	3. ABCD	4. ABCD	5. ACD
6. ABCD	7. ABD	8. ABC	9. ABCD	10. ABCD
11. ABCD	12. CD	13. ABD	14. ACD	15. ABCD
16. ABCD				

工作领域二　基板贴装

1. ABC	2. ABCD	3. ABCD	4. ABC	5. ABCD
6. ABD	7. ABC	8. ABC	9. ABC	10. ABCD
11. AD	12. ABC	13. ABCD	14. ABCD	15. ABC
16. ABCD	17. AB	18. ACD	19. ABC	20. ABCD
21. ABCD	22. ABCD	23. ABC	24. ABC	25. ABCD
26. AD	27. ABCD	28. ACD	29. ABC	30. ABCD
31. AD	32. ABCD	33. ABC	34. ACD	35. ABC
36. ACD	37. ABC	38. ABC	39. ABC	40. BCD
41. ABCD	42. ABC	43. ABCD	44. ABCD	45. ABCD
46. ABCD	47. ABCD	48. ABCD	49. ABC	50. ABC
51. ABCD	52. ABCD	53. BCD	54. ABC	55. ABCD
56. ABCD	57. ABC	58. ABCD	59. ABC	60. ABCD
61. AC	62. ABCD	63. ABD	64. ABC	65. ABCD
66. BC	67. ABCD	68. AD	69. ABCD	70. CD
71. BC	72. ABCD	73. ABCD	74. ABCD	75. ABD
76. ABCD	77. AB	78. ABCD	79. AB	80. ABCD
81. ABCD	82. ABC	83. ABCD	84. ACD	85. ABC
86. ABC	87. ABCD	88. ABCD	89. ACD	90. ABC
91. ABC	92. ABCD	93. ABC	94. ABCD	95. ABCD
96. ABC	97. ABC	98. ABCD	99. ABCD	100. ABCD

101. ABC　102. ABCD　103. ABC　104. ABCD　105. ABC
106. AD　107. ABCD　108. ABD

工作领域三　基板焊接

1. AB　2. ABD　3. ABCD　4. ABCD　5. ABCD
6. ABCD　7. BCD　8. ABCD　9. ABCD　10. ABCD
11. ABCD　12. ABCD　13. ABCD　14. ABCD　15. ABCD
16. ABCD　17. ABCD　18. ABCD　19. ABCD　20. ABCD
21. ABCD　22. ABC　23. ABCD　24. ABCD　25. ABCD
26. ABCD　27. BC　28. ABC　29. ABD　30. ABCD
31. ABCD　32. ABCD　33. ABC　34. ABCD　35. ABCD
36. ABD　37. ABCD　38. ABC　39. ABCD　40. ACD
41. ABCD　42. ABC　43. ABCD　44. ABCD　45. ABC
46. AB　47. ACD　48. ABCD　49. ABCD　50. ABCD
51. ABCD　52. ABCD　53. AB　54. ABCD　55. ABD
56. ABCD　57. ABC　58. ABCD　59. ACD　60. BD
61. ABCD　62. ABD　63. ABCD　64. ABCD　65. ABCD
66. ABCD　67. ABCD　68. ABCD　69. ABD　70. ABD
71. ABCD　72. ABC　73. AB　74. ABC　75. ABC
76. ABCD　77. ABC

工作领域四　基板检修

1. ABC　2. ABCD　3. ABCD　4. BCD　5. ABC
6. ABCD　7. ABCD　8. BD　9. ABCD　10. ABCD
11. AC　12. AB　13. AD　14. ABD　15. BCD
16. ABC　17. ABCD　18. ABC　19. ABCD　20. BCD
21. BCD　22. BCD　23. ABCD　24. ACD　25. ABCD

工作领域五　基板装联

1. AC　2. ABD　3. ACD　4. BCD　5. AD
6. ABCD　7. ABCD　8. ABCD　9. ABCD　10. ABCD
11. ABCD　12. ABCD　13. ABCD　14. AB　15. ABCD
16. ABCD　17. ABCD　18. AC　19. ABCD　20. ABCD
21. ABC　22. ABCD　23. ABCD　24. ABCD

（四）简述题与分析题

工作领域一　装联准备

1. 答：

方针：安全第一，预防为主。

制度：安全生产责任制，职业健康安全措施计划制度，职业健康安全教育制度，职业健康安全检查制度，伤亡事故、职业病统计报告和处理制度，职业健康安全监查制度，职业健康安全预防评价制度。

2. 答：

静电放电能引起元器件失效，这些失效包括：

（1）即时失效（硬击穿），此时元器件已完全不能工作。

（2）延时失效（软击穿），此时元器件还能工作，但已受到伤害，寿命缩短，会在工作期间过早失效。

因为元器件还能工作，但已受到伤害，寿命缩短，性能衰退在所难免，会在工作期间过早失效。

3. 答：

传统管道式污染大、效率低，资源浪费严重，安装移动不方便，维护不方便；

烟雾净化系统过滤效率高，环保，资源利用合理，安装调整方便，配件更换方便。

4. 答：

（1）静电防护原理是：

① 对可能产生静电的地方要防止静电积聚。采取措施控制其在安全范围内。

② 对已经存在的静电积聚缓慢消散掉，即安全泄放或中和。

（2）静电监测仪器：

① 静电场测试仪。

② 腕带测试仪。

③ 人体静电测试仪。

④ 兆欧表。

5. 答：

（1）焊膏管控：选择、回温、搅拌；

（2）钢网管理：选择、测试、检查；

（3）印刷参数：对位、压力、速度、行程、脱模。

6. 答：

（1）刮刀边上的挡片装配不合格导致印刷时出现印刷不良现象。

（2）改进措施：拆下刮刀后将挡片装配好，保持刮刀平行。

（3）经验：

① 开始生产前认真检查相关作业用具，刮刀、钢网、顶针高度、顶针是否有变形现象；

② 管理人员要及时检查刮刀、钢网、顶针的维护情况，发现问题及时处理。

7. 答：

静电敏感度介于 0 ~ 1 990 V 的元器件为 1 级；介于 2 000 ~ 3 999 V 的元器件为 2 级；介于 4 000 ~ 15 999 V 的为 3 级；静电敏感度为 16 000 V 或 16 000 V 以上的元器件,组件和设备被认为是非静电敏感产品。

基本原则：

（1）在静电安全区域内使用或安装静电敏感元件。

（2）用静电屏蔽容器运送静电敏感元件。

检测周期及注意事项：防静电台垫、地板、工鞋、工衣、周转容器等应至少每月检测一次。防静电手腕带、风枪、风机、仪器等应每天检测一次。检测时，须考虑受检场所的温度、湿度等因素。

工作领域二　基板贴装

1. 答：

（1）编程资料完整、准确；

（2）熟知常用器件的封装名称；

（3）熟知常用器件在其包装材料中的方向（如 SOT223、DPAK 器件在编带中的方向）；

（4）熟知吸取各种不同器件所使用的吸嘴；

（5）熟知设备的光学特性准确选用对位标记（Fiducial Mark）；

（6）器件封装的形式、相关尺寸不同器件在贴片时设置的参数。

2. 答：不是。因为离线编程软件并不能精确反映出设备、元器件以及基板的实际状态。①在整理编程资料时尽量准确，特别是元器件封装描述、极性元件的角度设定。②准确设置离线编程软件，特别是使用设备的吸嘴、供料器的设定。

3. 答：

（1）操作须佩戴静电手套及静电环；

（2）上料、换料时，需与料单、机器上的显示程序须相同，并有换料记录；

（3）定期检查并保持供料器清洁；

（4）检查吸嘴是否堵塞，保持其清洁；

（5）注意抛料状况检测；

（6）上料、贴片作业、贴片机操作机台上需有作业指导；

（7）做好日、周、月保养及记录。

4. 答：

其具体工艺流程如下：

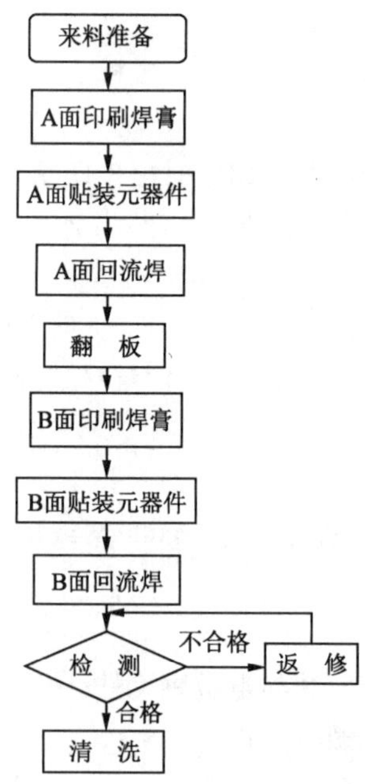

5. 答：

（1）可能原因 1：贴片坐标不准确。

解决对策：调整贴片坐标。在制作贴片程序时，贴边坐标是按照 PCB 文件中焊盘的位置确定的，一般不会出现偏移。

（2）可能原因 2：物料影像设置不当。

解决对策：修改物料影像，调整外形尺寸及公差，以保证物料影像资料的准确性。

（3）可能原因 3：吸嘴选取偏小，抓取不稳。

解决对策：更换合适吸嘴，偏小容易造成抓取不稳，偏大则无法形成真空，同样会导致吸取力度不够。

（4）可能原因 4：吸嘴破损无法形成完好的真空，会对抓取的力度产生影响。

解决对策：更换吸嘴。

（5）可能原因 5：真空气路不良影响吸嘴的真空程度。

解决对策：清洁真空气路。

6. 答：

（1）影响因素：贴装工艺能力系数 Cpk 与贴装机本身必须具备的过程能力是有区别的。在生产过程中，影响贴装工序工艺能力的主要有下述四种因素。

① 贴装机：含贴装机精度、贴装高度、贴装压力、真空吸力等，它们共同构成了贴装设备本身的过程能力系数 Cpk；

② 材料：此处的材料实际指的就是元器件、PCB 等；

③ 人：包括与该工序直接有关的操作人员的技术水平等；

④ 工艺：包括工艺方法、工艺规范和操作规程等。

在大批量生产中，当对贴装工序要求的不良品率应<5 ppm 时，要求贴装工序实际的工艺能力系数 Cpk>1.33 才行。

（2）关键工艺参数的确定及优化：关键工艺参数是指能全面反映工序状态，又适合于数据采集的工艺参数。正确通过对这些参数的 Cpk 分析和 SPC 评价，就能确定该工序的工艺水平。定量评价该工序是否处于统计控制状态，并在出现失控（或失控倾向）时帮助查找原因。

关键控制参量：在贴装工序中最能反映贴装质量水平的工艺过程控制参量是“偏移”。

7. 答：

（1）贴装高度即贴装头在正常贴装过程中沿轴方向的位移距离。把元器件贴装到基板时，当吸嘴的高度比程序设定值高时，贴片头向下位移高度不够，未与印刷的焊膏相接触就将元器件释放了，将造成元器件贴装位置偏移，甚至飞片和掉落。相反，若吸嘴的高度设置得过低，又将导致贴装压力增大，损伤元器件。

（2）贴装压力是指在贴装过程中，当元器件接触焊膏后贴装头作用在元器件上的压力。贴装压力过大，元器件陷入焊膏中过深，焊膏被挤出印刷区外，造成再流焊接时产生焊料珠、桥连，甚至损伤元器件。而贴装压力过小时，元器件浮游在焊膏的表面，再流焊接时易发生移位。

8. 答：

（1）正确调用贴片程序；

（2）正确配置供料器，并认真核对，确认准确性；

（3）试运行程序，检查取、贴位置正确；

（4）试贴后进行首件检验；

（5）按正确手法拼接物料。

9. 答：

（1）物料信息不完整；

（2）物料信息不准确；

（3）基板信息不完整；

（4）基板信息不准确；

（5）贴装信息不完整；

（6）贴装信息不准确。

10. 答：

由机架模块、头部模块、传送模块、电箱模块、供料器模块构成。电箱模块的作用是机械进行电气化控制的主要组成部分。

11. 答：

此开关用于在发生一些紧急情况时，拍下此开关将快速有效的断开机器内部关键电源，及时有效的保护机器操作人员；或者保证机器在运行时出现无法解决的问题的时候，拍下此开关将保护机器不发生进一步的机械和电气故障。

12. 答：

作用是支撑和引导运动部件，按给定的方向做往复直线运动。优势是：具有比直线轴承更高的额定负载，同时可以承担一定的扭矩。

13. 答：

主要检测参数为焊膏的面积、位置、高度、体积、短路等。

14. 答：

按产品的工艺参数，详细地设置好焊膏印刷检测的各项参数，如面积、位置、高度、体积、短路等，确保参数正确；确保每片印刷 PCBA 均经过 SPI 的检测确认。

15. 答：

检测数据详情、不良报表、统计报表，以及 XBar-S，XBar-R，Histogram，SingleView，MultiView，CP，Cpk，G&GR 等报表。

16. 答：

贴片侧面贴装及底部朝上贴装（贴片侧立、反转）物料没有端正的放置在 PCB 焊盘上，呈现侧身或者丝印面朝下的情况。可能原因：料架进位震动过大、吸嘴选取不合适、吸嘴破损。

17. 答：

（1）在特定角度投射条纹光线，并由直角相机进行投射图像的收集；

（2）对条纹通过尺寸变形、转换颜色、相位移动的方式进行多次拍摄；

（3）一次性拍摄多幅 2D、3D 图像，进行综合计算；

（4）通过测量每一个像素范围内的高度值、面积值，再将两者相乘，对测量范围内各个进行精确计算，就可以得到各个点的精确高度，以及测量范围的平均高度，得出面积、体积、高度等各类资料；

（5）与程序中的工艺参数设定进行对比，得出检测结果。

18. 答：

贴片偏移。物料外形与焊盘外形对不上或者二者中心明显不重合。原因：贴片坐标不准确、物料影像设置不当、吸嘴选取不当、吸嘴破损、真空气路不良。

19. 答：

原因分析：PCB 板太薄容易翘曲、夹紧量过大、Mark 点图像与 PCB 背景色太接近。

改善方法：（1）针对这类 PCB 应采用真空腔体，夹紧后的轨道宽度应于 PCB 一致，保证整个 PCB 板与钢网良好贴合，即可印刷出完美产品；（2）进软件参数录入界面重新录入 Mark 数据，要使机器能正确识别 Mark 点，Mark 点和 PCB 背景色必须黑白分明。

20. 答：

主要调整印刷的刮刀压力、刮刀速度、脱模速度和脱模距离。

21. 答：

镀金、裸铜、搪锡板在相同条件下印焊膏时，搪锡板印焊膏时的品质可能会差些，主要是因镀锡过程中平整控制问题带来的。镀金、裸铜板在相同条件下印焊膏时，印刷品质基本上差不多。

22. 答：

（1）PCB 的厚度比较薄，双面、多连板，导致印刷时焊膏厚度太厚从而出现 SOIC 连锡的情况；

（2）PCB 设计时，各拼板之间连接起来，保证 PCB 印刷时不能太软；同时在拼板之间加顶针，印刷时保证 PCB 贴紧钢网；

（3）①PCB 设计人员要了解 SMT 的制程，设计要考虑 PCB 的可制造性；

②设计 PCB 的设计人员要和 SMT 工程师交流，然后再找 PCB 厂家做 PCB 板。

23. 答：

（1）放慢印刷速度；

（2）可增大前、后刮刀压力；

（3）重新测试刮刀高度；

（4）检查是否放置了支撑 PIN，若没有，添加支撑 PIN。

24. 答：

（1）印刷时 PCB 没有固定好；

（2）特殊形状的 PCB 使位置传感器出现检测错误；

（3）Mark 点的选择不够合适；

（4）X 轴皮带松动；

（5）Camera 的 X 轴、Y 轴皮带张力不足；

（6）相机松动。

25. 答：

无论焊膏与红胶都有流动性的要求。

首先，严格按要求进行回温，进行充分搅拌，使用过程中及时添加与搅拌。

对于红胶又分为印刷用和点印用。对点印用胶，除要求按规定要求进行回温，还要注意点胶过程中胶的温度，一般点胶用的胶的温度控制在 30~35 ℃之间，温度低了，流动性差，不易下胶，温度高了，下胶太稀，容易坍塌。

26. 答：

（1）该印刷缺陷名称为焊膏印刷偏离。

（2）该印刷缺陷如不及时进行返修，焊接后可能导致：a. 锡珠、b. 桥连。

（3）

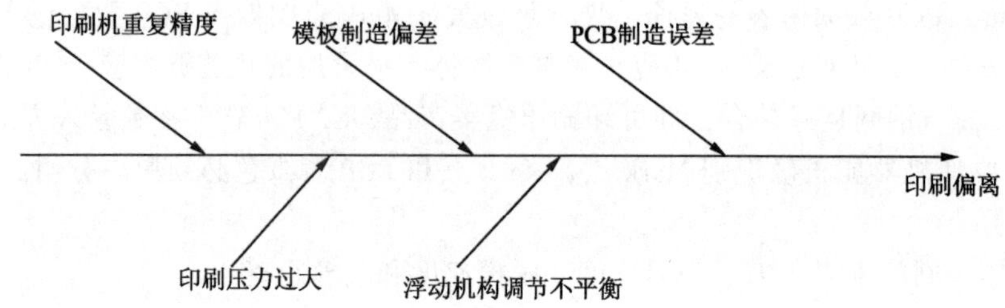

工作领域三　基板焊接

1. 答：

（1）烙铁头的选型；

（2）烙铁头和工件的相对位置，送锡的角度；

（3）工件的上锡性能；

（4）焊锡丝的成分，直径和助焊剂的含量。

2. 答：

（1）

A 区：预热区	B 区：保温区
C 区：焊接区	D 区：冷却区

保温区作用：

① 使整个 PCB 板温度均匀，减少进入焊接区的热应力冲击；

② 激发助焊剂中活性剂的活性；

③ 进一步挥发助焊剂中的溶剂。

（2）C 区峰值焊接温度为 230～245 ℃。焊接时间为 30～60 s 左右。

3. 答：

无铅化后，再流焊接温度升高，常用 SnAgCu 合金的熔点为 217～220 ℃，SnAg 合金的熔点为 221 ℃，焊接温度为 240 ℃，考虑到实际生产中 PCB 板上温度一般要低于加热模块温度 10 ℃左右，所以再流焊机应该具有 250 ℃以上的再流加热能力。另外无铅化后工艺窗口变窄，加上无铅焊料的非共晶特性，PCB 板面横向温差对焊接质量会造成很大的影响，故要努力提高温度的控制精度和加热的温度均匀性。使其加热的横向温度均匀性达到 ±1 ℃，温度的控制精度达到 ±1 ℃。使大热容量元器件与小热容量元器件的温度差别控制在 ±2 ℃之内。考虑到以上原因，无铅化后最好采用红外+热风上下两面同时加热，以增强加热能力，提高加热效率；改善热风循环对流方式，提高加热效率。

4. 答：

（1）锡缸焊料温度；

（2）预热温度；

（3）助焊剂活性与喷涂穿透量；

（4）PCB 可制造性设计；

（5）焊接高度、波峰高度；

（6）氮气浓度与流量。

5. 答：

（1）助焊剂喷涂位置和喷涂量。

（2）预热温度。

（3）焊料成分。

（4）氮气浓度与流量。

（5）PCB 引线长度与孔径不匹配。

（6）焊接移动速度。

（7）收峰强度与收峰时间。

6. 答：

表面张力是当液态系统处于稳定平衡时，应有最小的位能，所以液态焊料表面的分子有尽量挤入液体内部，尽可能缩小其表面面积的趋势。

表面张力的大小是和液面上设想的分界线的长度 L 成正比的，因此可以写成 $f=aL$，这里 a 即表面张力系数。在量值上，a 等于沿液面作用在分界线单位长度上的表面张力。表面张力系数 a 也可定义为增加单位表面面积所需要做的功，或增加单位表面面积时液面位能的增量。因为液体表面面积愈小位能愈小，在宏观上看液态焊料表面就好像是拉紧了的弹性膜，使其表面受到一收缩倾向的力作用,该力就称为液态焊料的表面张力。

7. 答：

设备运行的可靠性与连续工作时间是非常重要的，因为许多工厂都是采用三班倒与七天/周工作制的方式生产，极少有时间安排维修及处理临时的故障。由此，对再流炉的工艺及自动化操作的研究还有很长的路要走,使用复杂的软件可以进行多任务操作、通信（通过 GEM）、诊断、操作安全保护，以及在线显示与实时帮助。在将来单位面积的产出量将大大增加，设备功能也在大大加强，而且再流炉也越来越依靠软件与传感器来提高它的性能。

8. 答：

根据各种元器件焊点的结构分析，为了满足焊点可靠性要求，PCB 焊盘设计应掌握以下要素：

（1）对称性。

（2）焊盘间距。

（3）焊盘剩余尺寸。

（4）焊盘宽度。

9. 答：

焊接接点裂缝是再流焊接工序中的缺陷现象之一。在 QFP 焊接后只要剥掉 QFP 的引脚就可检测到，然而在 BGA、CSP 组装时，BGA 因其球形端子尺寸偏大，故产生缝隙的可能性会小些。而 FC-CSP 的组装焊接是近似于裸芯片的互联，因此焊后生成空隙的比例就大些。接点裂缝的产生与焊膏组成中的溶剂配比有一定关系。在助焊剂起始活化温度以上的预热时间内除促使助焊剂干燥减小热阻外，主要目的就是抑制气孔或针孔的生成。考虑到组装基板装载元器件的热容量的差别，设置不同的焊接升温曲线就显得十分重要。焊接接点裂缝可采

用X射线来进行检测，对功率器件通过红外线表面温度计测得温度差也可判断缝隙的存在。

10. 答：

（1）正确设置各温区温度或调用已有程序文件。

（2）调整好传送导轨宽度，对于大板需要加中央支持。

（3）正确设置轨道链速。

（4）用温度曲线测试仪配合测温板检查、验证温度曲线。

（5）确保绿灯后开始生产。

（6）进板之间保持一定的距离。

（7）经验观察导轨运行的平稳性。

（8）确保合适的氧浓度。

11. 答：

（1）防止焊锡内助焊剂（Flux）对热压焊头的腐蚀。

（2）具有一定的减震、缓冲作用。

（3）使焊头与焊接产品间绝缘。

12. 答：双片型是由两个聚酯片基组成。一个涂有一层微囊生色物质，而另一个涂有显色物质，使用两个胶片时涂层要面对面。施压时微囊破裂，生色物质与显色物质相互反应，红色区出现在胶片上。

13. 答：

（1）节能降耗。

（2）工艺可靠。

（3）加工效率高。

（4）高效益；物料控制精准。

（5）特殊性。

14. 答：

（1）进入加热控制器设置-温度界面，如果焊头温度显示与环境温度不符，先在常温校准界面输入实时温度，点击常温校准；

（2）打开调试模式，测温线插入测温仪，设置需要校准的预热温度，点击升温，在低温校准界面输入测温仪温度数值，点击低温校准；

（3）设置需要校准的焊接温度，重新升温，在高温校准界面输入测温仪数值，点击高温校准；

（4）重新给焊头升温，确认测试仪上温度与控制器显示温度一致，则校准成功。

15. 答：

（1）示教盒系统信息界面打开系统配置1，进入料头校正页面。

（2）移动机头到压力传感器上方，Z轴下压到压力传感器，观测压力到达需要校准的低压范围附近，按F4进入压力校正界面。

（3）将压力计上的数值填写在校正值上，按F1低压校准。

（4）退出Z轴继续下压至需要校准高压的位置，按F4，填入压力计上压力值，按F2高压校准。

（5）退出重新下压，确认压力计测上压力与示教盒压力一致，则校准成功。

16. 答:

（1）在示教盒示教程序界面按 F1 新建示教程序，F2 文件编辑；

（2）按 F1 插入 OUT 点，点亮扩展输出 12；

（3）按 F1 插入焊接点，移动机头到待焊物料上方，缓慢压至物料上；

（4）按 F4 设置焊接点参数，确认并退出；

（5）文件参数界面按 4 设置结束点，确认退出按 ENT 文件下载进入文件加工界面。

17. 答：

PCB 内部或表面的水分，经过预热没有被完全清除，在焊接时遇高温形成水汽，在焊点形成之际从未凝固的焊锡中排出。

18. 答：

锡炉温度低，助焊剂活性差。

19. 答：

电压不稳定，加热圈老化或短路，加热控制器不工作。

20. 答：

无铅工艺：焊料熔点高、流动性差、焊接品质差、焊点可靠度低、焊点黑暗粗糙、物料要求高。

有铅工艺：焊料熔点低、流动性好、焊接品质好、焊点可靠度高、焊点光平亮整、物料要求低。

21. 答：

主要有：传送轨道喇叭口的出入口导向轮和链条间隙大，高低不平；传送链条卡顿；抖动；两侧传送轨道不平行；出入口导向轮晃动。

22. 答：

原因是：

（1）焊膏不够。

（2）焊盘和元器件可焊性差。

（3）再流焊时间短。

解决方法：

（1）扩大丝网和漏板孔径。

（2）改用焊膏或重新浸渍元器件。

（3）加长再流焊时间。

23. 答：

细间距引线间的间距小，焊盘面积小，漏印的焊膏量较少，在焊接时，如果再流焊的预热区温度较高、时间较长，会将较多的活化剂在达到再流温度区域前就被耗尽。然而，只有当在峰值区域内有较多的活化剂来释放氧化的焊粒，使焊粒快速熔化，从而润湿金属引脚表面，才能形成良好的焊点。免清洗焊膏的活化程度比要清洗的焊膏低，所以如果预热温度和预热时间设置稍不恰当，便会出现桥接现象。可以通过降低预热温度和缩短预热时间来控制焊膏中活化剂的挥发，以保证免清洗焊膏在焊接温度区域的流动性和金属引线表面的润湿性，从而减少细间距引线的桥接缺陷。

24. 答：

不良：焊盘少锡，虚焊。

可能原因：

（1）焊头热量不够，设置温度低。

（2）设置压力不够。

（3）焊头与焊盘不匹配，焊头与 FPC 金手指接触不充分。

（4）焊盘预上锡活性不够。

解决方案：

（1）提高设置温度。

（2）增加焊接压力。

（3）根据焊盘设计仿形焊头，根据金手指宽度设计存锡槽。

（4）使用助焊剂。

（5）增加预热装置。

25. 答：

不良：未润湿。

原因：

（1）送锡量较少，锡无法铺开整个焊盘。

（2）焊接温度过高/锡丝中助焊剂活性较少/比例较少，锡丝中助焊剂受高温影响挥发，无法润湿焊盘。

（3）焊接参数设置配比焊接时间过短，焊盘温度不够。

（4）焊接坐标不对，未接触焊盘。

（5）焊盘表面污染，可焊性差。

改善方案：

（1）优化焊接参数。

（2）更换助焊剂含量高的锡丝。

（3）查看焊接坐标。

（4）选择合适的焊接温度。

（5）清洁焊接表面。

26. 答：

原因：①助焊剂量大或焊前溶剂挥发不充分；②基板受潮；③通孔氧化；④通孔阻塞；

对策：①加大预热温度，充分挥发助焊剂；②减短 PCB 存放时间，提前烘干；③防止金属表面氧化；④更改原件插装设计。

27. 答：

①焊接温度设置过低，检查锡波、焊接坐标是否正确；②焊接时间过短，提高焊接温度或预热温度；③焊接完成后下降时间过快，提高焊接时间，增加拖锡时间；④助焊剂喷涂量过少。

28. 答：

元件两端受热不均匀，焊膏熔化有先后，导致两边的润湿力不平衡，因而元件两端的力矩也不平衡，从而导致立碑现象的发生。

工作领域四　基板检修

1. 答:

（1）IP 地址设置;

（2）相机电源线;

（3）相机网线端口是否亮绿灯;

（4）X86（C++环境）;

（5）相机驱动的安装方法及参数配置;

（6）本地连接网络的巨型帧是否为最大 9K;

（7）镜头的黑色盖子是否去掉;

（8）镜头的光圈是否打开;

（9）节圈的数量;

（10）RS-232 或者 RS-485/422 串口连接（绿灯和黄灯同时闪亮）;

（11）软件 BUG;

（12）电脑或者工控机的操作系统（Win7-64 位和 Win10-64 位），不支持 XP 或者 32 位操作系统;

（13）相机本身（质量问题或者其他原因）。

2. 答:

（1）将图像像素坐标变换为实际坐标。获得像素所代表的真实世界的长度单位10:14:56。

（2）补偿图像畸变10:14:56。

（3）校验相机与实物面的几何关系。

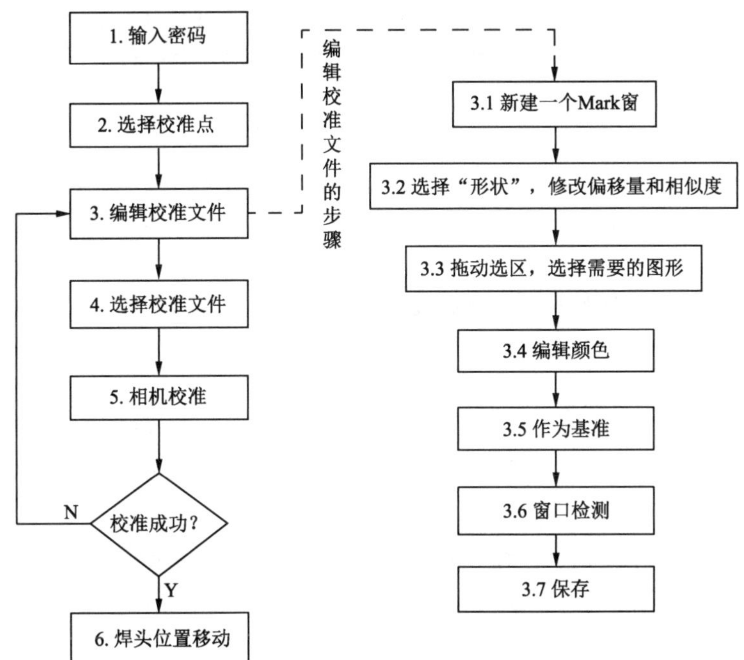

3. 答:

主要可以从以下三个方面进行选择:

（1）温度：焊接 PCB 的电烙铁，烙铁头的温度最好在 250 ~ 300 ℃左右。这不仅是考虑铜箔和绝缘板之间的结合强度、铜箔的厚度等原因，此外，还有晶体管及其他装配件也容因高温而造成性能异常。

（2）热容量：焊接 PCB 的电烙铁，最好选用 20 ~ 40 W 功率的电烙铁。瓦数过大或加热时间过长，不仅会使元器件性能劣化，而且会导致 PCB“起翘”“焦糊”，甚至使铜箔溶解消失。

（3）按略小于焊盘宽度选择烙铁头尺寸。

4. 答：

（1）焊接短路。

（2）①BGA 焊膏印刷太厚；

②焊膏的黏度太低，造成印刷之后焊膏坍塌；

③贴片时吸嘴的压力太大；

④PCB 的焊盘设计的太大；

⑤BGA 的焊球太大。

（3）①调整印刷参数；

②更换新锡膏；

③减小贴片压力；

④减小钢网开孔面积；

⑤调整再流时间。

5. 答：

该问题为锡珠。

原因：①温度曲线不正确；②焊膏的质量；③模板的厚度与开口尺寸。

改善对策：①调整炉温曲线，更换合格锡膏；②生产前，对原材料进行烘干处理；③减小贴片压力。

6. 答：

不良：立碑。

原因：①PCB 设计，焊盘尺寸、间距过大；②印刷不均匀；③再流焊炉温设置不当；④氧浓度过低。

改善对策：①依据元器件尺寸，正确设计焊盘；②调整印刷参数；③调整再流焊炉温曲线，降低升温斜率；④提高氧浓度。

7. 答：

不良：短路。

原因：①钢网开孔不合理，锡膏过多；②印刷短路，导致过炉短路；③原材料受潮；④贴片偏移。

改善对策：①合理设置钢网开孔；②调整印刷参数；③贴装前烘烤原材料；④调整贴片坐标。

8. 答：

焊锡处于半熔化状态，属于固液并存状态，通过焊锡的状态，可以判定焊锡温度在 217 ℃到 228 ℃之间。

9. 答：

（1）BGA 焊接虚焊。

形成原因和解决方案：

① BGA 器件贴放时偏移过大。

解决方案：确认设备贴装精度以及修改器件贴装坐标。

② 线路板变形。

解决方案：添加基板底部支撑并且优化温度曲线。

③ 焊接温度不理想。

解决方案：检查测温板是否有异常，并且定期进行炉温测试。

④ 焊料氧化或线路板氧化。

解决方案：

氧化预防方案：使用恒温恒湿柜对焊料和线路板进行保存，或者进行密封处理。

氧化处理方案：如果故障原因是氧化导致的虚焊，那么需要对线路板焊盘氧化和器。

⑤使用的助焊膏变质，导致无法去氧化和活化焊料、焊盘，甚至残留形成阻焊层，影响焊接。

解决方案：更换全新得助焊膏。

10. 答：

（1）观察指示器。

① 观察指示器时，吸嘴孔不能被封堵。揿下吸锡枪开关扳机，观察指示器颜色。如果是红色，表示需要清理吸嘴和发热元件。倒空过滤管，或更换过滤管。如果是蓝色，则不须清理，可继续使用。

② 保持开机工作状态，拔掉气管，分段测试机器吸力。

（2）更换过滤管，用通针疏通吸锡枪发热芯腔内。

注意：①需要在关机后进行操作；②过滤管可能会非常炙热，注意防护，以免烫伤。

11. 答：

（1）热风枪返修技术。

（2）① 涂助焊剂，在元件焊接端上涂覆助焊剂。

② 选择合适风嘴。

③ 选择合适的温度与风速。

④ 将热风喷嘴对准元件在器件上面均匀加热，熔化焊料。

⑤ 待所有焊点熔化后，用防静电镊子，取下元件。

⑥ 焊盘整理。

⑦ 用烙铁焊接五步法焊接新器件。

12. 答：

（1）检查贴片机气压是否在 0.49 ~ 0.54 MPa。

（2）查找该位号 C8 所在的贴片机区站别。

（3）确认该贴片区域所有吸嘴是否正常。

（4）在贴片机真空测试项测试吸嘴真空值是否在正常范围内。

（5）检查该贴片机区站别位子取料位置是否正确。

（6）检查该区域站别物料识别影像是否正常。

（7）确认检查该区域站别物料参数是否正常，尤其是元件高度和贴装压力。

（8）检查位号 C8 贴装坐标是否偏移。

（9）检查贴片机顶 PIN 是否顶到位和是否顶到底部元器件导致 PCB 板不平整。

（10）前面所有问题排查完成，试生产 1PCS 产品在再流焊前人工观察位号 C8 是否有缺件现象。

13. 答：

（1）作业人员漏失，须对作业人员进行宣导培训，严格按照作业指导书作业。

（2）AOI 技术人员漏失，立即对该 U1 位置连锡检查框参数进行优化确认。

（3）每次上班前 IPQC 用 NG 样板确认检查程序有效性，将检查结果记录在《AOI 样板检查表》，如有异常，及时通知 AOI 技术员调试程序。

工作领域五　基板装联

1. 答：

焊膏可以采用螺杆阀。

阻焊剂可以采用柱塞阀、撞针阀、隔膜阀、喷雾阀、螺杆阀、喷射阀。

胶嘴堵塞的原因：自动点胶机针孔内未完全清洗干净，贴片胶中混入杂质，有堵孔现象，不相容的胶水相混合，导致胶嘴出量偏少或者没有胶点出来。

解决方法：换清洁的针头，换质量较好的胶水，胶水型号不应搞错。

2. 答：

原因：点胶机使用的针头口径太小，过小的针头会影响胶阀开始使用时的排气泡动作，影响液体的流动造成背压，结果导致胶阀关闭后不久形成滴漏的现象。

解决方法：只要更换较大的针头即可解决这种问题。另外液体内空气在胶阀关闭后会产生滴漏现象，最好是预先排除液体内空气，或改用不容易含气泡的胶，或先将胶离心脱泡后在使用。

3. 答：

（1）温度。

（2）压力。

（3）焊头工件的平整度。

4. 答：

（1）流速若太慢，应将管路从 1/4 改为 3/8。

（2）管路若无需要应愈短愈好。

（3）除了改管子，还要改出胶口和气压，这样可以完全加快流速。

5. 答：

（1）当出胶不一致时主要原因是储存流体的压力筒或空气压力不稳定所产生。

（2）进气压力调压表应设定于比厂内最低压力低 10 ~ 15 psi，压力筒使用的压力应介于调压表中间以上的压力,应避免使用压力介于压力表之中低压力部分。

（3）胶阀控制压力应至少 60 psi 以上以确保出胶稳定。

（4）最后应检查出胶时间。若小于 15/1 000 s 会造成出胶不稳定，出胶时间愈长出胶愈稳定。

6. 答：

（1）螺丝帽规格不一致；

（2）螺丝带弹垫，供料分料后，螺帽倾斜，导致螺丝吸歪；

（3）吸嘴尺寸不合适，吸嘴内孔直径与螺丝帽直径相差太大，一般吸嘴内孔直径比螺帽直径大 0.05 ~ 0.1 mm 以内；

（4）真空压力不够，将供气压力调大；

（5）吸嘴真空透气孔开的太小，导致真空流量太小。

附录B 理论知识考核试卷样例答案

试 卷 一

一、判断题

1. √	2. ×	3. √	4. √	5. ×
6. √	7. √	8. ×	9. √	10. ×

二、单项选择题

1. B	2. A	3. A	4. C	5. D
6. D	7. C	8. C	9. D	10. A
11. C	12. B	13. D	14. B	15. A
16. D	17. C	18. A	19. D	20. A
21. D	22. D	23. C	24. C	25. D
26. D	27. A	28. D	29. B	30. D

三、多项选择题

1. ABCD	2. ACD	3. ABCD	4. ABC	5. ABCD
6. ABCD	7. AC	8. ABCD	9. ABCD	10. ABC

四、简述题

1. 答：

（1）焊膏管控：选择、回温、搅拌；

（2）钢网管理：选择、测试、检查；

（3）印刷参数：对位、压力、速度、行程、脱模。

2. 答：

主要检测参数为焊膏的面积、位置、高度、体积、短路等。

3. 答：

该问题为锡珠。

原因：

（1）温度曲线不正确；

（2）焊膏的质量；

（3）模板的厚度与开口尺寸。

改善对策：

（1）调整炉温曲线，更换合格锡膏；

（2）生产前，对原材料进行烘干处理；

（3）减小贴片压力。

4. 答：

（1）螺丝帽规格不一致；

（2）螺丝带弹垫，供料分料后，螺帽倾斜，导致螺丝吸歪；

（3）吸嘴尺寸不合适，吸嘴内孔直径与螺丝帽直径相差太大，一般吸嘴内孔直径比螺帽直径大 0.05 ~ 0.1 mm 以内；

（4）真空压力不够，将供气压力调大；

（5）吸嘴真空透气孔开的太小，导致真空流量太小。

5. 答：

元件两端受热不均匀，焊膏熔化有先后，导致两边的润湿力不平衡，因而元件两端的力矩也不平衡，从而导致立碑现象的发生。

试　卷　二

一、判断题

1. √	2. √	3. ×	4. ×	5. √
6. √	7. √	8. √	9. ×	10. √

二、单项选择题

1. A	2. C	3. C	4. B	5. A
6. D	7. B	8. D	9. A	10. C
11. B	12. B	13. D	14. A	15. C
16. A	17. C	18. B	19. A	20. C
21. D	22. A	23. A	24. D	25. C
26. B	27. D	28. D	29. C	30. B

三、多项选择题

1. ABCD	2. CD	3. ABCE	4. ABCD	5. ABCD
6. BC	7. BCD	8. ABCD	9. ABC	10. ABCD

四、简述题

1. 答：

（1）焊膏管控：选择、回温、搅拌。

（2）钢网管理：选择、测试、检查。

（3）印刷参数：对位、压力、速度、行程、脱模。

2. 答：

主要检测参数为焊膏的面积、位置、高度、体积、短路等。

3. 答：

（1）锡缸焊料温度；

（2）预热温度；

（3）助焊剂活性与喷涂穿透量；

（4）PCB 可制造性设计；

（5）焊接高度、波峰高度；

（6）氮气浓度与流量。

4. 答：（1）螺丝帽规格不一致；

（2）螺丝带弹垫，供料分料后，螺帽倾斜，导致螺丝吸歪；

（3）吸嘴尺寸不合适，吸嘴内孔直径与螺丝帽直径相差太大，一般吸嘴内孔直径比螺帽直径大 0.05 ~ 0.1 mm 以内；

（4）真空压力不够，将供气压力调大；

（5）吸嘴真空透气孔开的太小，导致真空流量太小。

5. 答：焊锡处于半熔化状态，属于固液并存状态，通过焊锡的状态，可以判定焊锡温度在 217 ℃到 228 ℃之间。